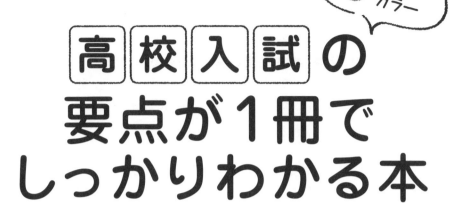

オールカラー

# 高校入試の要点が1冊でしっかりわかる本

# 理科

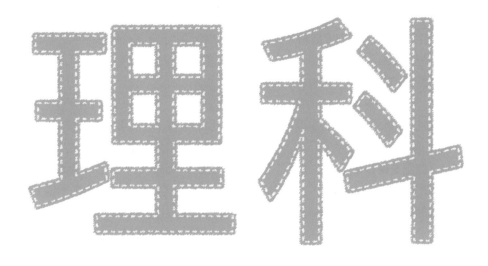

「勉強のやり方」を教える塾 プラスティー　清水章弘／安原和貴　監修

かんき出版

JN012762

#  はじめに

理科ってなんで勉強するのでしょうか。

用語を覚えたって、意味がない？いえいえ、そんなことはありません。

理科を学ぶと、「ものごとを科学的に探究・解決する姿勢」が身につきます。これは一生役に立つもの。今は AI（人工知能）やロボットと共存する時代、そして、地球環境や人口の変化に対応していく時代です。これからは今まで以上に「理科的な」思考力が求められるようになるのです。

でも、塾ではいつも、こんな相談を受けます。「理科は難しくて、きらいです」「覚えることが多すぎます」 みなさんの中にも「私も一緒！」と感じる人はいるはず。でも、安心してください。理科が苦手な受験生にこそ、伝えたいことがあります。

それは、**理科は「小さな工夫で成績が伸びる」**ということ。実は、僕は中学生の頃、5教科の中で理科が一番苦手でした。理由はシンプル。覚えることが多いから。しかし、ある時期から理科が好きになり、成績が伸び始めました。その理由は、2つのことに取り組んだからでした。

1つ目は「楽しく覚える工夫」をはじめたこと。当時の僕は、重要語句を覚えるとき、ただノートに何回も書き上げるだけでした。それだとやはり、つまらないし、続かない。そこで試してみたのが、**暗記を楽しむ工夫**をすること。この本でオススメしている「**消える化ノート術**」もその1つ。重要語句をオレンジペンでまとめていくことで、オリジナルの問題集が完成し、前向きに暗記に取り組めるように。覚えることが楽しくなり、成績も伸びました。

2つ目は、理科好きな友達を観察してみたこと。何人か観察して、彼らは「**まるで先生であるかのように、理科の説明ができること**」に気づきました。みなさんの身の回りにもそんな友達がいませんか。理科ぎらいの僕は、その友達を真似して「説明する練習」をしてみました。詰まった重要語句を覚え直し、練習してみると、やがて自然と説明ができるように。**説明ができるのは、理解ができた証拠。**記述問題はもちろんのこと、計算問題も少しずつ解けるようになりました。もちろん、重要語句を覚えるだけでは解けない問題もあります。得意な人は解説ページの「発展」「参考」まで説明の練習をしておくと怖いものなしです。

理科は直前期に最も成績が伸びる教科の1つ。受験当日まで小さな工夫を続けて、理科を得意にしてくださいね。

冒頭の話に戻ります。理科で身につくのは、一生の力。必ず役に立ちます。

**さぁ、理科の勉強で、人生を開こう！**

2023年夏　清水章弘

## 本書の5つの強み

☑ その1

### 中学校3年間の理科の大事なところをギュッと1冊に！

入試に出やすいところを中心にまとめています。受験勉強のスタートにも、本番直前の最終チェックにも最適です。

☑ その2

### フルカラーでイラスト・図もいっぱいなので、見やすい・わかりやすい！（赤シートつき）

全ページフルカラーでイラストや図もたくさん載っているので、ビジュアルからも内容が頭に入っていきます。 参考 注意 発展 など補足説明も充実しているので、知識がどんどん身につきます。

☑ その3

### 各項目に「合格へのヒント」を掲載！

1見開きごとに、間違えやすいポイントや効率的な勉強法を書いた「合格へのヒント」を掲載。苦手な単元の攻略方法がつかめます。

☑ その4

### 公立高校の入試問題から厳選した「確認問題」で、入試対策もばっちり！

確認問題はすべて全国の公立高校入試の過去問から出題しています。近年の出題傾向の分析を踏まえて構成されているので、効率よく実践力を伸ばすことができます。高校入試のレベルや出題形式の具体的なイメージをつかむこともでき、入試に向けてやるべきことが明確になります。

☑ その5

### 「点数がグングン上がる！理科の勉強法」を別冊解答に掲載！

別冊解答には「基礎力UP期（4月〜8月）」「復習期（9月〜12月）」「まとめ期（1月〜受験直前）」と、時期別の勉強のやり方のポイントを掲載。いつ手にとっても効率的に使えて、点数アップにつながります。

# 本書の使い方

コンパクトにまとめた
解説とフルカラーの
図版です。赤シートで
オレンジの文字が
消えます。

などの補足説明も
載っています。

合格へのヒント には
その項目でおさえるべき
ポイントや勉強法の
コツなどを
載せています。

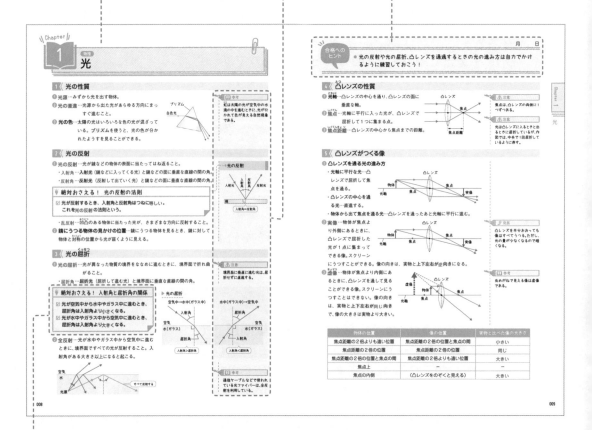

重要項目は

💡 絶対おさえる！ に
まとめています。

確認問題は
すべて全国の
公立高校入試の
過去問を
載せています。

解いたあとは、別冊解答の
解説を確認しましょう。
また別冊解答2ページに載っている
「○△×管理法」にならって、
日付と記号を入れましょう。

すべての問題に
出題年度と
都道府県名を
載せています。

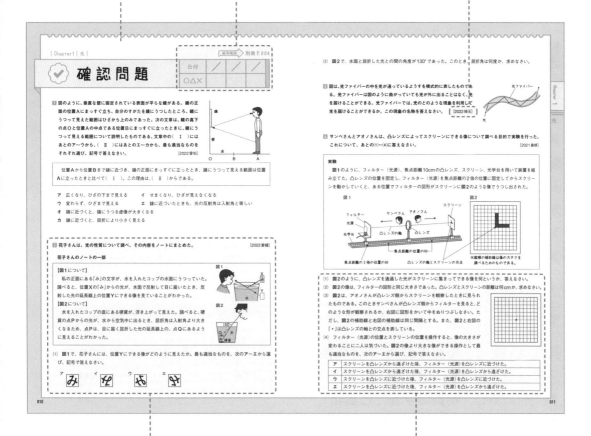

簡単な問題から実戦的な問題まで
そろえています。
本に直接書き込むのではなく、
ノートなどに解いてみるのが
おすすめです。

わからない問題は解説を丁寧に読み、
重要語句を覚えていない場合には、
別冊解答2ページに載っている
「消える化ノート術」を
試してみましょう。

# もくじ

ブックデザイン:dig
図版・イラスト:熊アート
DTP:ニッタプリントサービス
編集協力:マイプラン、プラスティー教育研究所(八尾直輝、安原和貴)

## Chapter 1 　物理　光

### 1 ≪ 光の性質

❶ **光源**…みずから光を出す物体。

❷ **光の直進**…光源から出た光があらゆる方向にまっすぐ進むこと。

❸ **光の色**…太陽の光はいろいろな色の光が混ざっている。**プリズム**を使うと、光の色が分かれたようすを見ることができる。

プリズム
白色光

📖 参考
虹は太陽の光が空気中の水滴の中を進むときに、光が分かれて色が見える自然現象である。

### 2 ≪ 光の反射

❶ **光の反射**…光が鏡などの物体の表面に当たってはね返ること。

・入射角…**入射光**（鏡などに入ってくる光）と鏡などの面に垂直な直線の間の角。

・反射角…**反射光**（反射して出ていく光）と鏡などの面に垂直な直線の間の角。

💡 **絶対おさえる！ 光の反射の法則**

☑ 光が反射するとき、入射角と反射角はつねに等しい。これを光の反射の法則という。

・乱反射…凹凸のある物体に当たった光が、さまざまな方向に反射すること。

❷ **鏡にうつる物体の見かけの位置**…鏡にうつる物体を見るとき、鏡に対して物体と対称の位置から光が届くように見える。

●--光の反射

入射光　入射角　反射角　反射光
鏡
入射角＝反射角

### 3 ≪ 光の屈折

❶ **光の屈折**…光が異なった物質の境界をななめに進むときに、境界面で折れ曲がること。

・屈折角…**屈折光**（屈折して進む光）と境界面に垂直な直線の間の角。

⚠ 注意
境界面に垂直に進む光は、屈折せずに直進する。

💡 **絶対おさえる！ 入射角と屈折角の関係**

☑ 光が空気中から水中やガラス中に進むとき、屈折角は入射角より小さくなる。
☑ 光が水中やガラス中から空気中に進むとき、屈折角は入射角より大きくなる。

▶ 光の屈折

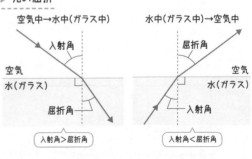

空気中→水中（ガラス中）
入射角
空気
水（ガラス）
屈折角
入射角＞屈折角

水中（ガラス中）→空気中
屈折角
空気
水（ガラス）
入射角
入射角＜屈折角

❷ **全反射**…光が水中やガラス中から空気中に進むときに、境界面ですべての光が反射すること。入射角がある大きさ以上になると起こる。

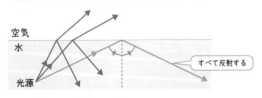

空気
水
光源
すべて反射する

📖 参考
通信ケーブルなどで使われている光ファイバーは、全反射を利用している。

● 光の反射や光の屈折、凸レンズを通過するときの光の進み方は自力でかけるように練習しておこう！

Chapter 1

光

## 4 凸レンズの性質

❶ **光軸**…凸レンズの中心を通り、凸レンズの面に
　　　　垂直な軸。

❷ **焦点**…光軸に平行に入った光が、凸レンズで
　　　　屈折して1つに集まる点。

❸ **焦点距離**…凸レンズの中心から焦点までの距離。

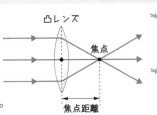

> ⚠ **注意**
>
> 焦点は、凸レンズの両側に1つずつある。

> ⚠ **注意**
>
> 光は凸レンズに入るときと出るときに屈折しているが、作図では、中央で1回屈折しているように表す。

## 5 凸レンズがつくる像

❶ **凸レンズを通る光の進み方**

・光軸に平行な光…凸
レンズで屈折して焦
点を通る。

・凸レンズの中心を通
る光…直進する。

・物体から出て焦点を通る光…凸レンズを通ったあと光軸に平行に進む。

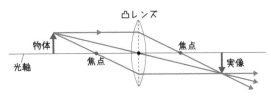

❷ **実像**…物体が焦点よ
り外側にあるときに、
凸レンズで屈折した
光が1点に集まって
できる像。スクリーン
にうつすことができる。像の向きは、実物と**上下左右が逆向き**になる。

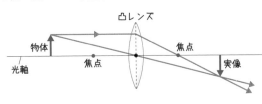

> 🔎 **発展**
>
> 凸レンズを半分おおっても像はすべてうつる。ただし、光の量が少なくなるので暗くなる。

❸ **虚像**…物体が焦点より内側にあ
るときに、凸レンズを通して見る
ことができる像。スクリーンにう
つすことはできない。像の向き
は、実物と**上下左右が同じ向き**
で、像の大きさは実物より大きい。

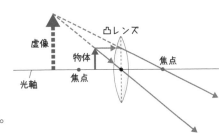

> 📖 **参考**
>
> 虫めがねで見える像は虚像である。

| 物体の位置 | 像の位置 | 実物と比べた像の大きさ |
|---|---|---|
| 焦点距離の2倍よりも遠い位置 | 焦点距離の2倍の位置と焦点の間 | 小さい |
| 焦点距離の2倍の位置 | 焦点距離の2倍の位置 | 同じ |
| 焦点距離の2倍の位置と焦点の間 | 焦点距離の2倍よりも遠い位置 | 大きい |
| 焦点上 | ― | ― |
| 焦点の内側 | （凸レンズをのぞくと見える） | 大きい |

# 確認問題

解答解説 → 別冊 P.004

| 日付 | / | / | / |
|------|---|---|---|
| ○△× | | | |

**1** 図のように、垂直な壁に固定されている表面が平らな鏡がある。鏡の正面の位置Aにまっすぐ立ち、自分のすがたを鏡にうつしたところ、鏡にうつって見えた範囲はひざから上のみであった。次の文章は、鏡の真下の点Oと位置Aの中点である位置Bにまっすぐに立ったときに、鏡にうつって見える範囲について説明したものである。文章中の（ Ⅰ ）にはあとのア～ウから、（ Ⅱ ）にはあとのエ～カから、最も適当なものをそれぞれ選び、記号で答えなさい。 [2022愛知]

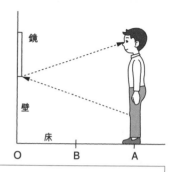

> 位置Aから位置Bまで鏡に近づき、鏡の正面にまっすぐに立ったとき、鏡にうつって見える範囲は位置Aに立ったときと比べて（ Ⅰ ）。この理由は、（ Ⅱ ）からである。

**ア** 広くなり、ひざの下まで見える　　**イ** せまくなり、ひざが見えなくなる

**ウ** 変わらず、ひざまで見える　　**エ** 鏡に近づいたときも、光の反射角は入射角と等しい

**オ** 鏡に近づくと、鏡にうつる虚像が大きくなる

**カ** 鏡に近づくと、屈折により小さく見える

**2** 花子さんは、光の性質について調べ、その内容をノートにまとめた。 [2022愛媛]

**花子さんのノートの一部**

> 【図1について】
>
> 　私の正面にある「み」の文字が、水を入れたコップの水面にうつっていた。調べると、位置Xの「み」からの光が、水面で反射して目に届いたとき、反射した光の延長線上の位置Yにできる像を見ていることがわかった。
>
> 【図2について】
>
> 　水を入れたコップの底にある硬貨が、浮き上がって見えた。調べると、硬貨の点Pからの光が、水から空気中に出るとき、屈折角は入射角より大きくなるため、点Pは、目に届く屈折した光の延長線上の、点Qにあるように見えることがわかった。

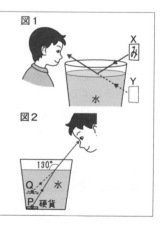

(1) 図1で、花子さんには、位置Yにできる像がどのように見えたか。最も適当なものを、次のア～エから選び、記号で答えなさい。

(2) **図2**で、水面と屈折した光との間の角度が130°であった。このとき、屈折角は何度か、求めなさい。

**3** 図は、光ファイバーの中を光が通っているようすを模式的に表したものである。光ファイバーは図のように曲がっていても光が外に出ることはなく、光を届けることができる。光ファイバーでは、光のどのような現象を利用して光を届けることができるか。この現象の名称を答えなさい。　　　　[2022埼玉]

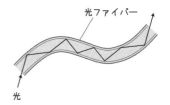

**4** サンベさんとアオノさんは、凸レンズによってスクリーンにできる像について調べる目的で実験を行った。これについて、あとの(1)～(4)に答えなさい。　　　　[2021島根]

**実験**

　図1のように、フィルター（光源）、焦点距離10cmの凸レンズ、スクリーン、光学台を用いて装置を組み立てた。凸レンズの位置を固定し、フィルター（光源）を焦点距離の2倍の位置に固定してからスクリーンを動かしていくと、ある位置でフィルターの図形がスクリーンに**図2**のような像でうつし出された。

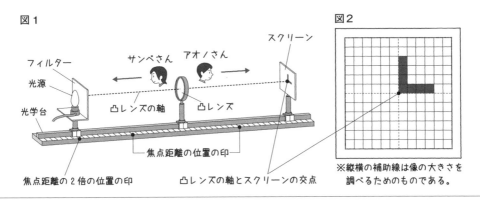

※縦横の補助線は像の大きさを調べるためのものである。

(1) **図2**のように、凸レンズを通過した光がスクリーンに集まってできる像を何というか、答えなさい。

(2) **図2**の像は、フィルターの図形と同じ大きさであった。凸レンズとスクリーンの距離は何cmか、求めなさい。

(3) **図2**は、アオノさんが凸レンズ側からスクリーンを観察したときに見られたものである。このときサンベさんが凸レンズ側からフィルターを見ると、どのような形が観察されるか、右図に図形をかいて中をぬりつぶしなさい。ただし、**図2**の補助線と右図の補助線は同じ間隔とする。また、**図2**と右図の「・」は凸レンズの軸との交点を表している。

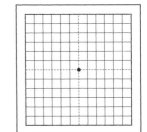

(4) フィルター（光源）の位置とスクリーンの位置を操作すると、像の大きさが変わることに二人は気づいた。**図2**の像より大きな像ができる操作として最も適当なものを、次の**ア～エ**から選び、記号で答えなさい。

| ア | スクリーンを凸レンズから遠ざけた後、フィルター（光源）を凸レンズに近づけた。 |
|---|---|
| イ | スクリーンを凸レンズから遠ざけた後、フィルター（光源）を凸レンズから遠ざけた。 |
| ウ | スクリーンを凸レンズに近づけた後、フィルター（光源）を凸レンズに近づけた。 |
| エ | スクリーンを凸レンズに近づけた後、フィルター（光源）を凸レンズから遠ざけた。 |

# 2 音

物理

## 1 音の伝わり方

**❶ 音源（発音体）**…音を出している物体。**振動**することで音を出す。

**❷ 音の伝わり方（空気中）**…

音源の振動が空気を振動させて、その振動が次々と**波**として伝わり、耳にある鼓膜を振動させることで音が聞こえる。

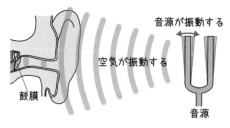

音源が振動する

空気が振動する

鼓膜

音源

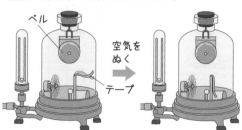

A

B

同じ高さの音を出す音さ A、B のうち、音さ A をたたいて鳴らすと、音さ B も鳴る。

→音さ A の音が、音さ B に伝わった。

音さ A と音さ B の間に板を置き、音さ A をたたいて鳴らすと、音さ B の鳴る音が小さくなる。

**❸ 音を伝えるもの**…音は空気のような気体中だけでなく、**液体中や固体中も伝わる。真空中**では音は伝わらない。

ベル

空気をぬく

テープ

容器内の空気をぬいていくと、ベルの音が聞こえにくくなる。空気を入れると音が聞こえてくる。

→空気が音を伝えている。

風（空気）があるときだけテープがなびく。

**❹ 音の伝わる速さ**

💡 **絶対おさえる！ 音の伝わる速さ**

☑ 音の速さ〔m/s〕= $\dfrac{\text{音の伝わる距離〔m〕}}{\text{音が伝わるのにかかった時間〔s〕}}$

打ち上げ花火の光が見えてから、音が聞こえるまでに少し時間がかかるのは、空気中で音の伝わる速さが、光の速さと比べてはるかにおそいためである。

例 音の伝わる速さ

空気中…約340m/s（気温約15℃のとき）

水中……約1500m/s

鉄の中…約6000m/s

➡一般的に、気体中より固体中や液体中のほうが音は速く伝わる。

合格への
ヒント

● 音の高さと大きさは、音の波形と合わせて理解しておこう！
● 弦の振動と音の高さや大きさの関係をおさえておこう！

## 2 音の性質

❶ **振幅**…音源の振動の振れ幅。

❷ **振動数**…音源が1秒間に振動する回数。単位はヘルツ（記号：Hz）。

### 💡 絶対おさえる！　音の大きさと高さ

☑ 音の大きさ…振幅が**大きい**ほど大きい。

☑ 音の高さ…振動数が**多い**ほど高い。

音の波形

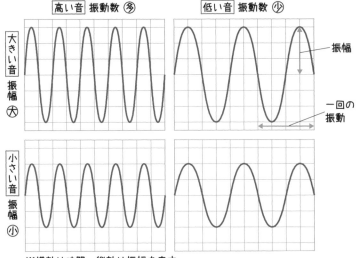

※横軸は時間、縦軸は振幅を表す。

📖 参考

オシロスコープは、音源から出た音を波形で表示する装置である。
コンピュータにマイクロホンをつないで、音の波形を表示させることもできる。

❸ モノコードの**弦**の振動と音

・弦の振幅と音の大きさ

　　弦を**強く**はじくと、振幅が大きくなり、**大きい音**が出る。

　　弦を**弱く**はじくと、振幅が小さくなり、**小さい音**が出る。

・弦の振動数と音の高さ

① 　弦の長さを**短く**すると、振動数が多くなり、**高い音**が出る。

　　弦の長さを**長く**すると、振動数が少なくなり、**低い音**が出る。

② 　弦の張り方を**強く**すると、振動数が多くなり、**高い音**が出る。

　　弦の張り方を**弱く**すると、振動数が少なくなり、**低い音**が出る。

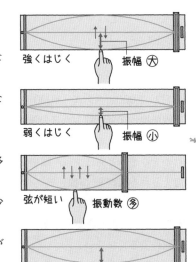

📖 参考

弦を細くすると、振動数が多くなり、高い音が出る。
弦を太くすると、振動数が少なくなり、低い音が出る。

# 確認問題

解答解説 ▷ 別冊 P.004

| 日付 | ／ | ／ | ／ |
|---|---|---|---|
| ○△× | | | |

**1** 舞子さんは、モノコードとオシロスコープを用いて次の〈実験〉を行った。また、下のまとめは舞子さんが〈実験〉についてまとめたものの一部である。これについて、あとの問い(1)、(2)に答えなさい。 [2020京都]

〈実験〉

操作① 右の**図1**のように、モノコードに弦を張り、木片をモノコードと弦の間に入れる。このとき、弦が木片と接する点を**A**、固定した弦の一端を**B**とする。AB間の中央をはじいたときに出る音をオシロスコープで観測し、オシロスコープの画面の横軸の1目盛りが0.0005秒となるように設定したときに表示された波形を記録する。

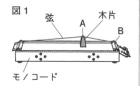

図1　弦　木片　A　B　モノコード

操作② 木片を移動させて**AB**間の長さをさまざまに変える。AB間の弦の張る強さを操作①と同じになるよう調節し、AB間の中央を操作①と同じ強さではじいたときに出る音を、操作①と同じ設定にしたオシロスコープで観測し、表示された波形をそれぞれ記録する。

**まとめ**

〈実験〉で記録した音の波形をそれぞれ比較すると、音の波形の振幅は、AB間の長さに関わらず一定であることが確認できた。

右の**図2**は、操作①で記録した音の波形であり、音の振動数を求めると、□**X**□Hzであった。次に、操作②で記録した音の波形から、それぞれの音の振動数を求め、**AB**間の長さと振動数の関係について調べたところ、AB間の長さが□**Y**□なるほど、音の振動数が少なくなっていることが確認できた。音の高さと振動数の関係をふまえて考えると、AB間の長さが□**Y**□なると、弦をはじいたときに出る音の高さが□**Z**□なるといえる。

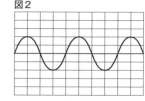

図2

(1) まとめ中の□**X**□に入る数値として最も適当なものを、**ア〜エ**から選び、記号で答えなさい。

　　**ア** 200　　　**イ** 500　　　**ウ** 2000　　　**エ** 5000

(2) 右の**図3**は、まとめ中の下線部操作②で記録した音の波形のうち、**図2**から求めた振動数の半分であった音の波形を表そうとしたものであり、図中の点線(………)のうち、いずれかをなぞると完成する。図中の点線のうち、その音の波形を表していると考えられる点線を、実線(———)で横軸10目盛り分なぞって図を完成させなさい。ただし、縦軸と横軸の1目盛りが表す大きさは、**図2**と等しいものとする。また、まとめ中の□**Y**□・□**Z**□に入る語句の組み合わせとして最も適当なものを、**ア〜エ**から選び、記号で答えなさい。

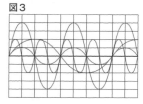

図3

　　**ア** Y 長く　　Z 高く　　　**イ** Y 長く　　Z 低く
　　**ウ** Y 短く　　Z 高く　　　**エ** Y 短く　　Z 低く

**2** ある場所で発生した雷の、光が見えた瞬間の時刻と、音が聞こえ始めた時刻を観測した。表は、その結果をまとめたものである。　　　　　　　　　　　　　[2022岐阜]

| 光が見えた瞬間の時刻 | 音が聞こえ始めた時刻 |
| --- | --- |
| 19時45分56秒 | 19時46分03秒 |

(1) 次の ⬜ の①、②にあてはまる正しい組み合わせをあとの**ア**、**イ**から選び、記号で答えなさい。

> 光が見えてから音が聞こえ始めるまでに時間がかかった。これは、空気中を伝わる ① の速さが、② の速さに比べて、おそいためである。

**ア** ① 光　② 音　　**イ** ① 音　② 光

(2) 観測した場所から、この雷までの距離は約何kmか。最も適当なものを、次の**ア〜エ**から選び、記号で答えなさい。ただし、空気中を伝わる音の速さは340m/sとする。

**ア** 約2.38km　　**イ** 約18.0km　　**ウ** 約19.4km　　**エ** 約48.6km

**3** 音の伝わり方について調べるために、次の実験を行った。　　　　　[2021兵庫]

〈実験1〉

図1のように、音さをたたいて振動させて水面に軽くふれさせたときの、音さの振動と水面のようすを観察した。

〈実験2〉

4つの音さA〜Dを用いて(a) 〜 (c)の実験を行った。

(a) 音さをたたいて音を鳴らすと、音さDの音は、音さB、音さCの音より高く聞こえた。

(b) 図2のように、音さAの前に音さBを置き、音さAだけをたたいて音を鳴らして、音さBにふれて振動しているかを確認した。音さBを音さC、音さDと置きかえ、音さBと同じ方法で、それぞれ振動しているかを確認した。音さBは振動していた。

(c) 図3のように、音さAをたたいたときに発生した音の振動のようすを、コンピュータで表示した。横軸の方向は時間を表し、縦軸の方向は振動の振れ幅を表す。図4は、音さAと同じ方法で、音さB〜Dの音の振動をコンピュータで表示させたもので、X〜Zは音さB〜Dのいずれかである。コンピュータで表示される目盛りのとり方はすべて同じである。

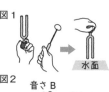

図1

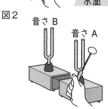

図2　音さB　音さA

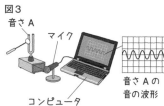

図3　音さA　マイク　コンピュータ　音さAの音の波形

(1) 〈実験1〉での、音さの振動と水面のようすについて説明した文の組み合わせとして最も適当なものを、あとの**ア〜エ**から選び、記号で答えなさい。

① 音さの振動によって水面が振動し、波が広がっていく。

② 音さの振動によって音さの近くの水面は振動するが、波は広がらない。

③ 音さを強くたたいたときのほうが、水面の振動は激しい。

④ 音さの振動が止まった後でも、音さの近くの水面は振動し続けている。

**ア** ①と③　　**イ** ①と④　　**ウ** ②と③　　**エ** ②と④

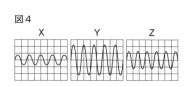

図4　X　Y　Z

(2) 音さAの音は、5回振動するのに、0.0125秒かかっていた。音さAの振動数は何Hzか、求めなさい。

(3) 音さB〜Dは、図4のX〜Zのどれか。X〜Zからそれぞれ選び、記号で答えなさい。

## 1 力の性質

### ❶ 力のはたらき

・物体の形を変える。

・物体を支える。

・物体の運動の状態（速さや向き）を変える。

### ❷ いろいろな力

・重力…物体が地球の中心に向かって引かれる力。

・弾性力（弾性の力）…ゴムなどの変形した物体がもとにもどろうとする力。

・垂直抗力…面が物体に押されたとき、面が物体を垂直に押し返す力。

・摩擦力…物体を動かすときにふれ合う面からはたらく、動こうとしている向きと反対向きの力。

・磁力（磁石の力）…磁石の極と極の間にはたらく、引き合ったり、しりぞけ合ったりする力。

・電気力（電気の力）…こすった下じきなどにはたらく、物体が引き合ったり、しりぞけ合ったりする力。

> 📖 参考
>
> 重力は、地球上にあるすべての物体にはたらく。

> 📖 参考
>
> 物体がもとにもどろうとする性質を弾性という。

> ⚠️ 注意
>
> 重力、磁力、電気力は、物体どうしがはなれていてもはたらく。

## 2 力のはかり方

### ❶ 力の大きさ…ニュートン（記号：N）の単位を使う。1N は、約 100g の物体にはたらく重力の大きさに等しい。

### ❷ 力の大きさとばねののびの関係

> 💡 絶対おさえる！ フックの法則
>
> ☑ ばねののびは、ばねを引く力の大きさに比例する。これをフックの法則という。

・1 個 50g のおもりをばねにつるしたときのばねののびを調べる。おもりの数を 2 個、3 個、4 個と増やしていき、同様にばねののびを調べる。ただし、100g の物体にはたらく重力の大きさを 1N とする。

> 📖 参考
>
> ばねにおもりをつるしたときと、ばねを手で引いたときで、ばねののびが同じであれば、ばねを引く力の大きさは等しい。

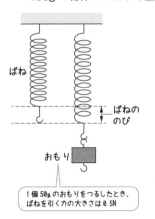

ばね

ばねののび

おもり

1 個 50g のおもりをつるしたとき、ばねを引く力の大きさは 0.5N

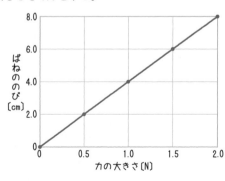

➡ グラフは原点を通る直線になる。

● 「力の大きさ」と「ばねののび」の関係はグラフの問題が頻出！
● 力の三要素を意識しながら矢印をかく練習をしておこう！

## 3 力の表し方

❶ **力の三要素**…力のはたらく点（作用点）、力の大きさ、力の向き。

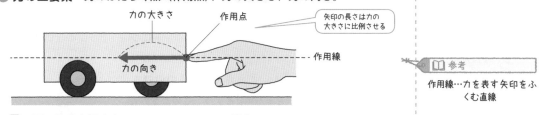

例・面で物体を押す力　　　　　・重力

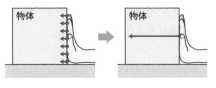

作用点を面の中心にして、
1本の力の矢印で表す。

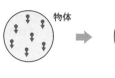

作用点を物体の中心にして、
1本の力の矢印で表す。

📖 参考

作用線…力を表す矢印をふ
くむ直線

⚠ 注意

実際には、面で物体を押す力
は、手と物体が接する面全体
にはたらいている。また、物
体にはたらく重力は、物体全
体に均一にはたらいている。

❷ **重さと質量**

・**重さ**…物体にはたらく重力の大きさ。ばねばかりではかることができる。単
位はニュートン（記号：N）。場所によって変わる。

・**質量**…物体そのものの量。上皿てんびんではかることができる。単位はグラ
ム（記号：g）やキログラム（記号：kg）。場所が変わっても変わらない。

📖 参考

月の重力の大きさは地球の
重力の大きさの約 $\frac{1}{6}$ である。
月面上での質量は、地球上
での質量と同じである。

## 4 2力のつり合い

❶ **力のつり合い**…1つの物体に2つ以上の力がはたらいて、物体が静止してい
るとき、物体にはたらく力は「つり合っている」という。

❷ **2力のつり合い**

💡 **絶対おさえる！　2力がつり合う条件**

☑ 2力の大きさが等しい。
☑ 2力の向きが反対。
☑ 2力が同一直線上にある。

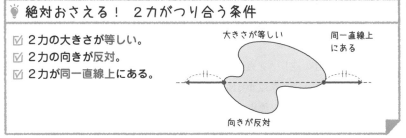

大きさが等しい　　　同一直線上
にある

向きが反対

⚠ 注意

3つの条件のどれか1つで
も満たされなければ、物体は
動いてしまう。

例・床に置いた物体にはたらく**重力**と
**垂直抗力**はつり合っている。

・物体に力を加えて動かないとき、**加
えた力**と**摩擦力**はつり合っている。

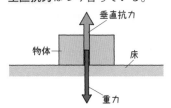

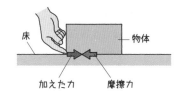

解答解説 別冊 P.005

# 確認問題

| 日付 | ／ | ／ | ／ |
|---|---|---|---|
| ○△× | | | |

**1** 右のグラフは、ばねA、ばねB、ばねCのそれぞれについて、ばねを引く力とばねののびの関係を示したものである。これらのばねA～Cをそれぞれスタンドにつるし、ばねAには200gのおもりを1個、ばねBには150gのおもりを1個、ばねCには70gのおもりを1個つるした。おもりが静止したときのばねAののびを $a$ [cm]、ばねBののびを $b$ [cm]、ばねCののびを $c$ [cm]とする。このときの $a$ ～ $c$ の関係を、不等号（<）で示したものとして最も適当なものを次のア～カから選び、記号で答えなさい。ただし、質量100gの物体にはたらく重力を1.0Nとし、実験でつるしたおもりの重さにおいてもグラフの関係が成立するものとする。また、ばねA～Cの重さは考えないものとする。

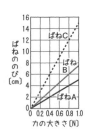

[2020 神奈川]

**ア** $a<b<c$　　**イ** $a<c<b$　　**ウ** $b<a<c$

**エ** $b<c<a$　　**オ** $c<a<b$　　**カ** $c<b<a$

**2** 次のⅠ、Ⅱの問いに答えなさい。

[2021 長崎]

Ⅰ **図1**は、ばねに質量の異なるおもりをつるし、ばねに加える力の大きさを変えて、ばねののびを測定し、その測定値を点（・）で記入したものである。

(1) 次の文は、**図1**に関して説明したものである。（ ① ）、（ ② ）にそれぞれ適する語句を入れ、文を完成させなさい。

> **図1**から、点（・）はほぼ、原点を通る一直線上にあることがわかり、ばねののびが、ばねに加えた力の大きさに（ ① ）することがわかる。この関係を（ ② ）の法則という。

(2) (1)の説明文中の下線部について、実際には誤差のため、**図1**のすべての測定値の点（・）が一直線上にあるわけではない。**図1**に直線を引くときの注意点を述べた文として最も適当なものを、次の**ア**～**エ**から選び、記号で答えなさい。

**ア** ばねに加えた力の大きさが1.0Nのときの点（・）を通るように、原点から直線を引く。

**イ** すべての点（・）のなるべく近くを通るように、原点から直線を引く。

**ウ** すべての点（・）が線上か線より下にくるように、原点から直線を引く。

**エ** すべての点（・）が線上か線より上にくるように、原点から直線を引く。

Ⅱ 磁力（磁石の力）の大きさを調べるために、ばねに加えた力の大きさとばねののびの関係が**図2**のようになるばねを使って、次の手順1、手順2で測定を行った。手順2の結果については、次の表のとおりである。ただし、質量100gの物体にはたらく重力の大きさを1Nとし、磁力は磁石間にはたらくもの以外は考えないものとする。

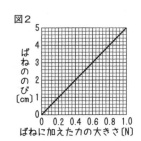

手順1　図3のように、質量20gの小さな磁石Aをばねにつるして
　　　静止させ、ばねののびを測定した。

手順2　図4のように、ばねにつるした磁石AのS極を、水平な床
　　　の上に固定した磁石BのN極に近づけて静止させ、磁石Aと磁石
　　　Bの距離と、ばねののびを測定した。

⑶　手順1で、ばねののびは何cmか、求めなさい。

⑷　手順2で、磁石Aと磁石Bの距離が2.0cmのときの磁石
　　Bが磁石Aを引く磁力の大きさは、磁石Aと磁石Bの距離
　　が4.0cmのときの磁力の大きさの何倍か、求めなさい。

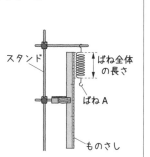

| 磁石Aと磁石B<br>の距離〔cm〕 | 2.0 | 3.0 | 4.0 | 5.0 | 6.0 |
|---|---|---|---|---|---|
| ばねののび〔cm〕 | 5.0 | 2.8 | 2.0 | 1.6 | 1.4 |

**3** Tさんは、ばねを用いて物体を支える力を測定する実験を行い、レポートにまとめた。⑴、⑵に答えなさい。

[2022埼玉]

**レポート**

課題

ばね全体の長さとばねにはたらく力の大きさには、どのような関係があるのだろうか。

【実験】

[1]　ばねAとばねBの、2種類のばねを用意した。

[2]　図のようにスタンドにものさしを固定し、ばねAをつるしてばね全体
　　の長さを測定した。

[3]　ばねAに質量20gのおもりをつるし、ばねAがのびたときの、ばね全
　　体の長さを測定した。

[4]　ばねAにつるすおもりを、質量40g、60g、80g、100gのものにかえ、
　　[3]と同様にばね全体の長さを測定した。

[5]　ばねBについても、[2]～[4]の操作を行った。

【結果】

| おもりの質量〔g〕 | 0 | 20 | 40 | 60 | 80 | 100 |
|---|---|---|---|---|---|---|
| ばねAの全体の長さ〔cm〕 | 8.0 | 10.0 | 12.0 | 14.0 | 16.0 | 18.0 |
| ばねBの全体の長さ〔cm〕 | 4.0 | 8.0 | 12.0 | 16.0 | 20.0 | 24.0 |

⑴　【結果】をもとに、おもりの質量に対するばねAののびを求め、その値を・
　　で表し、おもりの質量とばねAののびの関係を表すグラフを右にかきなさ
　　い。ただし、グラフは定規を用いて実線でかくものとする。

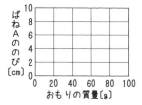

⑵　【結果】からわかることとして最も適当なものを、次のア～オから2つ選
　　び、記号で答えなさい。

　ア　ばねAもばねBも、おもりの質量を2倍にするとばねののびは2倍になっている。

　イ　ばねAもばねBも、おもりの質量とばね全体の長さは比例の関係になっている。

　ウ　ばねAとばねBに40gのおもりをつるしたとき、ばねAののびとばねBののびは等しくなっている。

　エ　ばねAとばねBに同じ質量のおもりをつるしたとき、ばねAとばねBのばね全体の長さの差は、つるし
　　　たおもりの質量にかかわらずつねに一定になっている。

　オ　ばねAとばねBに同じ質量のおもりをつるしたとき、ばねBののびはばねAののびの2倍になっている。

物理

# 電流の性質

## 1 回路と電流・電圧

❶ **回路**…電流が流れる道すじ。

　・**直列回路**…電流の流れる道すじが1本でつながっている回路。

　・**並列回路**…電流の流れる道すじが枝分かれしている回路。

❷ **回路図**…電気用図記号を使って回路を表した図。

❸ **電流と電圧**

　・**電流**…回路を流れる電気の流れ。単位はアンペア（記号：A）やミリアンペア（記号：mA）。1 A ＝ 1000mA。

　・**電圧**…回路に電流を流そうとするはたらき。単位はボルト（記号：V）。

❹ **電流計と電圧計の使い方**…電流計ははかりたい点に直列につなぎ、電圧計ははかりたい区間に並列につなぐ。大きさが予想できないときは、はじめは最も大きい値がはかれる－端子を用いる。

> 📖 参考
>
> 電気用図記号
>
> | 電源 | スイッチ |
> |---|---|
> | （－極）（＋極） | |
> | 電球 | 抵抗器 |
> | ⊗ | |
> | 電流計 | 電圧計 |
> | Ⓐ | Ⓥ |

> ⚠ 注意
>
> 電流計、電圧計の目盛りは、最小目盛りの$\frac{1}{10}$まで目分量で読みとる。

## 2 回路による電流・電圧

### ❶ 回路に流れる電流

> 💡 **絶対おさえる！ 直列回路・並列回路の電流**
>
> ☑ **直列回路の電流**…どの点を流れる電流も等しい。
> ☑ **並列回路の電流**…枝分かれした電流の大きさの和は、枝分かれする前の電流の大きさや、合流したあとの電流の大きさに等しい。

▶ 直列回路の電流

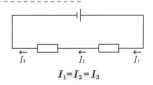

（$I$：電流）

$$I_1 = I_2 = I_3$$

▶ 並列回路の電流

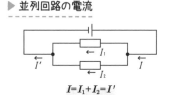

$$I = I_1 + I_2 = I'$$

> 📖 参考
>
> 電流を表す記号には、Intensity of an electric currentの$I$を用いることが多い。

### ❷ 回路に加わる電圧

> 💡 **絶対おさえる！ 直列回路・並列回路の電圧**
>
> ☑ **直列回路の電圧**…各区間に加わる電圧の和は、電源の電圧に等しい。
> ☑ **並列回路の電圧**…各区間に加わる電圧はどれも同じで、それらは電源の電圧に等しい。

▶ 直列回路の電圧

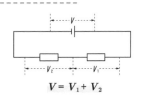

（$V$：電圧）

$$V = V_1 + V_2$$

▶ 並列回路の電圧

$$V = V_1 = V_2$$

> 📖 参考
>
> 回路の導線部分にもわずかな電圧が加わっているが、0Vと考えてよい。

> 📖 参考
>
> 電圧を表す記号には、Voltageの$V$を用いることが多い。

> ⚠ 注意
>
> 電圧を表す記号$V$と単位の記号Vをまちがえないように注意する。

● 直列回路では電流が、並列回路では電圧が等しいことに注意しよう！
● オームの法則はグラフの読みとりが頻出！

## 3 電圧と電流の関係

**❶ 電気抵抗（抵抗）**…電流の流れにくさ。

　　　　　　単位はオーム（記号：Ω）。

**❷ 電圧と電流の関係**

> 💡**絶対おさえる！ オームの法則**
>
> ☑ 抵抗器に流れる電流の大きさは、抵抗器に加わる電圧の大きさに比例する。これを**オームの法則**という。
>
> 抵抗〔Ω〕＝ $\dfrac{電圧〔V〕}{電流〔A〕}$ （$R = \dfrac{V}{I}$）
>
> 電圧〔V〕＝抵抗〔Ω〕× 電流〔A〕 （$V = RI$）
>
> 電流〔A〕＝ $\dfrac{電圧〔V〕}{抵抗〔Ω〕}$ （$I = \dfrac{V}{R}$）　※$R$:抵抗, $V$:電圧, $I$:電流

▶ **電圧と電流の関係**

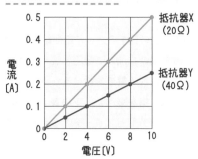

抵抗器Xより抵抗器Yのほうが
電流が流れにくい。
⇒抵抗器Yのほうが抵抗が大きい。

**❸ 回路全体の抵抗（合成抵抗）**

・直列回路の全体の抵抗…各抵抗の大きさの和に等しい。

・並列回路の全体の抵抗…各抵抗の大きさより小さくなる。

▶ 直列回路の全体の抵抗　　　▶ 並列回路の全体の抵抗

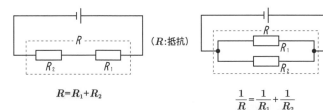

$R = R_1 + R_2$　　　　　　　$\dfrac{1}{R} = \dfrac{1}{R_1} + \dfrac{1}{R_2}$

**❹ 物質の種類と電気抵抗**

・導体…抵抗が小さく、電流が流れやすい物質。

・不導体（絶縁体）…抵抗が非常に大きく、ほとんど電流が流れない物質。

> 🖉 発展
>
> 電流の流れやすさが導体と不導体の中間程度の物質を半導体という。コンピュータやスマートフォンなどに利用されている。

## 4 電流のはたらき

**❶ 電力（消費電力）**…1秒間あたりに消費される電気エネルギーの量。単位はワット（記号：W）。

　　　　　　電力〔W〕＝電圧〔V〕×電流〔A〕

> 📖 参考
>
> 1gの水を1℃上昇させるのに必要な熱量は、約4.2J。

**❷ 発熱量**…電流を流したときに発生する熱の量。単位はジュール（記号：J）。

　　　　発熱量〔J〕＝電力〔W〕×時間〔s〕

**❸ 電力量**…一定時間電流が流れたときに消費されるエネルギーの総量。単位はジュール（記号：J）。

　　　　電力量〔J〕＝電力〔W〕×時間〔s〕

> 📖 参考
>
> 電力量の単位にはワット時（Wh）やキロワット時（kWh）が使われることもある。

解答解説 ▷ 別冊 P.005

# 確 認 問 題

**1** 電熱線に加わる電圧と流れる電流を調べる実験Ⅰ、Ⅱをした。これに関して、あとの(1)〜(5)の問いに答えなさい。

[2022香川]

**実験Ⅰ** 右の**図1**のように電熱線**P**と電熱線**Q**をつないだ装置を用いて、電熱線**P**と電熱線**Q**に加わる電圧と流れる電流の関係を調べた。まず、電熱線**P**に加わる電圧と流れる電流を調べるために、**図1**のスイッチ①だけを入れて電圧計と電流計の示す値を調べた。下の**表1**は、その結果をまとめたものである。次に、**図1**のスイッチ①とスイッチ②を入れ、電圧計と電流計の示す値を調べた。下の**表2**は、その結果をまとめたものである。

図1
電源装置 スイッチ①
電圧計 電流計
電熱線P スイッチ②
電熱線Q

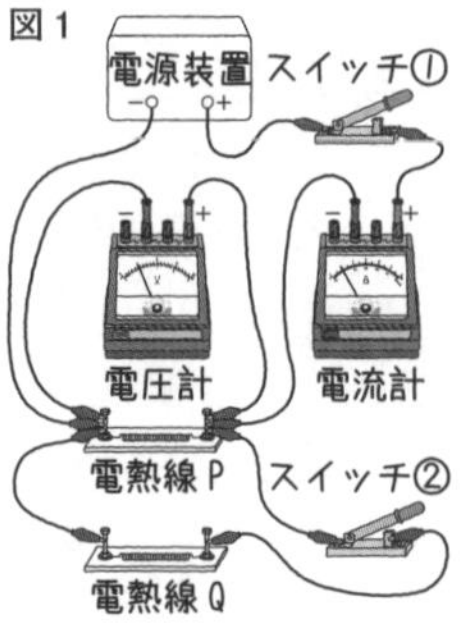

**表1**

| 電圧〔V〕 | 0 | 1.0 | 2.0 | 3.0 | 4.0 |
|---|---|---|---|---|---|
| 電流〔mA〕 | 0 | 25 | 50 | 75 | 100 |

**表2**

| 電圧〔V〕 | 0 | 1.0 | 2.0 | 3.0 | 4.0 |
|---|---|---|---|---|---|
| 電流〔mA〕 | 0 | 75 | 150 | 225 | 300 |

(1) 次の文は、電流計の使い方について述べようとしたものである。文中の2つの〔　　〕内にあてはまることばを、**ア**、**イ**から、**ウ〜オ**からそれぞれ選び、記号で答えなさい。

---

　　電流計は、電流をはかろうとする回路に対して〔**ア**　直列　　**イ**　並列〕につなぐ。また、5A、500mA、50mAの3つの－端子をもつ電流計を用いて電流をはかろうとする場合、電流の大きさが予想できないときは、はじめに〔**ウ**　5A　　**エ**　500mA　　**オ**　50mA〕の－端子につなぐようにする。

---

(2) 電熱線**P**の抵抗は何Ωか、求めなさい。

(3) **表1、2**をもとにして、電熱線**Q**に加わる電圧と、電熱線**Q**に流れる電流の関係をグラフに表したい。右のグラフの縦軸のそれぞれの（　　）内に適当な数値を入れ、電熱線**Q**に加わる電圧と電熱線**Q**に流れる電流の関係を、グラフに表しなさい。

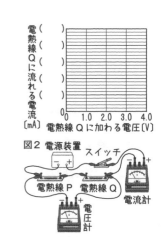

電熱線Qに流れる電流〔mA〕
（　）（　）（　）（　）
0　1.0　2.0　3.0　4.0
電熱線Qに加わる電圧〔V〕

**実験Ⅱ** 実験Ⅰと同じ電熱線**P**と電熱線**Q**を用いた右の**図2**のような装置のスイッチを入れ、電圧計と電流計の示す値を調べた。このとき、電圧計は3.0V、電流計は50mAを示した。

図2 電源装置　スイッチ
電熱線P　電熱線Q　電流計
電圧計

(4) **実験Ⅰ、Ⅱ**の結果から考えて、実験Ⅱの電熱線**Q**に加わっている電圧は何Vであると考えられるか、求めなさい。

(5) **図1**の装置のすべてのスイッチと、**図2**の装置のスイッチを入れた状態から、それぞれの回路に加わる電圧を変えたとき、電流計はどちらも75mAを示した。このときの**図2**の電熱線**P**で消費する電力は、このときの**図1**の電熱線**P**で消費する電力の何倍か、求めなさい。

**2** 電流と電圧の関係を調べるために、次の実験を行った。(1)〜(3)の問いに答えなさい。　　　　[2022山梨]

**実験**

① 3.8Vの電圧を加えると、500mAの電流が流れる2つの豆電球$X_1$、$X_2$と、3.8V
　の電圧を加えると760mAの電流が流れる豆電球Yを用意した。

② 豆電球$X_1$、豆電球$X_2$、豆電球Y、電源装置、スイッチ$S_1$〜$S_3$、電圧計、電
　流計を使い、図のような回路をつくった。

③ $S_1$を入れ、$S_2$と$S_3$を切って回路をつくり、電流を流し、電圧計の示す値が
　5.7Vとなるように電源装置を調整したところ、豆電球$X_1$と豆電球Yが点灯した。

④ $S_2$と$S_3$を入れ、$S_1$を切って回路をつくり、電流を流し、電圧計の示す値が
　5.7Vとなるように電源装置を調整したところ、豆電球$X_2$と豆電球Yが点灯した。

(1) 実験の③について、回路全体の抵抗は何Ωになると考えられるか、求めなさい。

(2) 実験の④について、電流計の示す値は何Aか、求めなさい。

(3) 実験で、最も明るく点灯した豆電球はどれか。最も適当なものを、次の**ア**〜**エ**から選び、記号で答えなさい。

　　**ア** 実験③の豆電球$X_1$　　　**イ** 実験③の豆電球Y
　　**ウ** 実験④の豆電球$X_2$　　　**エ** 実験④の豆電球Y

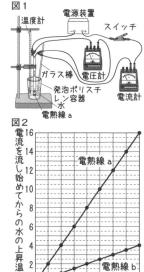

**3** 電流に関するあとの問いに答えなさい。　　　　[2021愛媛]

**実験1** 電熱線aを用いて、**図1**のような装置をつくった。電熱線aの両端に加
　える電圧を8.0Vに保ち、8分間電流を流しながら、電流を流し始めてからの時
　間と水の上昇温度との関係を調べた。この間、電流計は2.0Aを示していた。次
　に、電熱線aを電熱線bにかえて、電熱線bの両端に加える電圧を8.0Vに保
　ち、同じ方法で実験を行った。**図2**は、その結果を表したグラフである。

**実験2** **図1**の装置で、電熱線aの両端に加える電圧を8.0Vに保って電流を流
　し始め、しばらくしてから、電熱線aの両端に加える電圧を4.0Vに変えて保
　つと、電流を流し始めてから8分後に、水温は8.5℃上昇していた。下線部の
　とき、電流計は1.0Aを示していた。ただし、**実験1・2**では、水の量、室温
　は同じであり、電流を流し始めたときの水温は室温と同じにしている。また、
　熱の移動は電熱線から水への移動のみとし、電熱線で発生する熱はすべて水
　の温度上昇に使われるものとする。

(1) 電熱線aの抵抗の値は何Ωか、求めなさい。

(2) 次の文の①、②の{　}の中から、最も適当なものをそれぞれ選び、記号で
　答えなさい。

　　　実験1で、電熱線aが消費する電力は、電熱線bが消費する電力より①{**ア** 大きい　　**イ** 小さい}。
　　また、電熱線aの抵抗の値は、電熱線bの抵抗の値より②{**ウ** 大きい　　**エ** 小さい}。

(3) 実験2で、電圧を4.0Vに変えたのは、電流を流し始めてから何秒後か。最も適当なものを次の**ア**〜**エ**から
　選び、記号で答えなさい。

　　**ア** 30秒後　　　**イ** 120秒後　　　**ウ** 180秒後　　　**エ** 240秒後

# 静電気と電流、電流と磁界

## 1 静電気と電流

❶ **静電気**…2種類の物質をこすり合わせたときに発生する電気。

・**電気力（電気の力）**…電気には**＋の電気**と**－の電気**があり、同じ種類の電気にはしりぞけ合う力がはたらき、ちがう種類の電気には引き合う力がはたらく。

・**帯電**…－の電気が移動することによって物体が電気を帯びること。

❷ **放電**…電気が空間を移動したり、たまっていた電気が流れたりする現象。気体の圧力の低い空間で起こる場合は真空放電という。

❸ **陰極線（電子線）**…真空放電管に大きな電圧を加えたときにできる**電子**の流れ。－極から＋極に向かって直進する。電極板に電圧を加えると＋極側に曲がる。

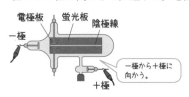
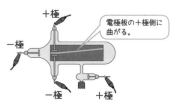

・**電子**…質量をもつ非常に小さな粒子で、－の電気を帯びている。

❹ **放射線**…X線、α（アルファ）線、β（ベータ）線、γ（ガンマ）線など。目に見えず、物質を通りぬける性質（**透過性**）や物質を変質させる性質がある。放射線を出す物質を放射性物質という。

・**放射線の利用**…医療や農業などさまざまな分野で利用されている。

・**放射線の影響**…放射線を浴びる（被曝する）と、人体に影響がでる可能性がある。

| 参考 |
| --- |
| 摩擦によって起きた電気を摩擦電気ともいう。 |

| 参考 |
| --- |
| 雷は、雲にたまった静電気が放電される自然現象である。 |

| ⚠ 注意 |
| --- |
| 電子は－極から＋極に移動し、電流は＋極から－極に流れる。 |

| 参考 |
| --- |
| 放射線を出す能力を放射能という。 |

## 2 電流による磁界

❶ **磁界**…**磁力（磁石による力）**がはたらく空間。

・**磁界の向き**…方位磁針のN極が指す向き。

・**磁力線**…磁界の向きをつなぐ曲線。N極からS極に向かって矢印をつける。磁力線の間隔がせまいところほど磁界が強い。

❷ **導線のまわりの磁界**…導線を中心とした同心円状の磁界ができる。

・**磁界の向き**…電流の向きを逆にすると逆になる。

・**磁界の強さ**…電流が大きいほど、導線に近いほど強い。

❸ **コイルのまわりの磁界**…コイルの内側にはコイルの軸に平行な磁界ができる。コイルの外側は棒磁石のまわりの磁界によく似た磁界ができる。

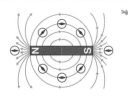
電流の向き
磁界の向き

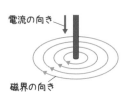
磁界の向き
電流の向き

| 参考 |
| --- |
| 導線のまわりの磁界は、右ねじの進む向きに電流を流すと、右ねじの回る向きにできる。 |

ねじの進む向き（電流の向き）
ねじの回る向き（磁界の向き）

| 参考 |
| --- |
| コイルの内側の磁界は、右手の4本の指先を電流の向きに合わせたとき、親指の向きになる。 |

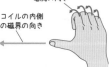
電流の向き
コイルの内側の磁界の向き

合格への
ヒント

● 棒磁石や電流のまわりにできる磁界の向きの考え方を整理しておこう！
● 誘導電流は、強さを変える方法と向きの変化に注意しよう！

## 3 電流が磁界から受ける力

❶ **電流が磁界から受ける力**…磁界の中でコイルに電流が流れると、コイルは力を受ける。

> 💡 **絶対おさえる！ 電流が磁界から受ける力**
>
> ☑ **力の向き**…電流の向きと磁界の向きの両方に垂直になっている。電流の向きや磁界の向きを逆にすると逆になる。
> ☑ **力の大きさ**…電流が大きいほど、磁界が強いほど大きくなる。

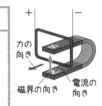

🔖 **発展**

フレミングの左手の法則→左手の親指、人さし指、中指をたがいに直角にして、中指を電流の向き、人さし指を磁界の向きに合わせると、親指が力の向きになる。

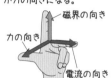

❷ **モーター（電動機）**…電流が磁界から受ける力を利用して、連続的にコイルが回転するようにした装置。電流の向きは半回転ごとに逆になる。

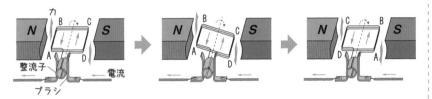

## 4 電磁誘導

❶ **電磁誘導**…コイルの中の磁界が変化することで、電圧が生じてコイルに電流が流れる現象。

🔖 **発展**

電磁誘導では、コイルの中の磁界の変化をさまたげるような向きの磁界をつくる誘導電流が流れる。

❷ **誘導電流**…電磁誘導によって流れる電流。誘導電流の向きは、コイルに棒磁石を入れるときと出すときで逆になり、コイルに出し入れする極を逆にすると逆になる。

⚠️ **注意**

棒磁石をコイルの中で静止させると誘導電流は流れない。

> 💡 **絶対おさえる！ 誘導電流の大きさ**
>
> ☑ 棒磁石を速く動かすほど大きい。
> ☑ 棒磁石の磁力が強いほど大きい。
> ☑ コイルの巻数が多いほど大きい。

❸ **発電機**…電磁誘導を利用して、電流を発生させる装置。

## 5 直流と交流

❶ **直流**…一定の向きに流れる電流。例 乾電池。
❷ **交流**…電流の向きと大きさが周期的に変化する電流。例 家庭用コンセント。

・**周波数**…1秒間に電流が変化する回数。単位はヘルツ（記号：Hz）。

確 認 問 題

| 日付 | ／ | ／ | ／ |
|---|---|---|---|
| ○△× | | | |

**1** 静電気について調べるために、次の実験Ⅰ・Ⅱを行った。このことについて、下の(1)、(2)の問いに答えなさい。

[2020高知]

**実験Ⅰ** 右の図のように、糸でつるしたストローをティッシュペーパーで十分にこすり、引きはなした後、ストローにティッシュペーパーを近づけると、引き合った。次に、綿の布で十分にこすったガラス棒をストローに近づけると、引き合った。

**実験Ⅱ** 化学繊維の布でこすったプラスチック板を蛍光灯の一端に接触させると、蛍光灯が点灯した。

(1) 次の文は、**実験Ⅰ**の結果からわかることについて述べたものである。文中の あ ～ う にあてはまる電気の種類は、＋、－のいずれか、それぞれ答えなさい。ただし、ガラス棒を綿の布でこすると、ガラス棒は＋の電気を帯びることがわかっている。

> ガラス棒とストローが引き合ったことから、ストローは あ の電気を帯びており、ティッシュペーパーは い の電気を帯びていることがわかる。これは、ストローをティッシュペーパーでこすることによって、ティッシュペーパーの中にある う の電気がストローに移動したためである。

(2) **実験Ⅱ**において、蛍光灯が点灯したのは、プラスチック板にたまっていた静電気が蛍光灯の中を流れたからである。このように、たまっていた静電気が流れ出したり、電流が空間を流れたりする現象を何というか、答えなさい。

**2** 図1のように、クルックス管の電極AB間に高い電圧を加えたところ、電極Aから出た電子の流れが観察された。次に、AB間に電圧をかけたまま、電極CD間に電圧をかけたところ、図2のように電子の流れが曲がった。次の(1)、(2)に答えなさい。 [2021青森]

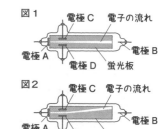

(1) 図1において、クルックス管内で観察された現象を何というか、答えなさい。

(2) 下の文は、下線部の理由について述べたものである。文中の ① ～ ③ に入る適切な＋、－の符号をそれぞれ答えなさい。

> 電子の流れが曲がったのは、 ① 極である電極Aから出た電子が ② の電気をもった粒子であるため、 ③ 極である電極Cのほうに引きつけられたから。

**3** 電流と磁界の関係を調べるために、コイル（エナメル線を20回巻いてつくったもの）を使って、実験Ⅰ～実験Ⅲを行った。あとの(1)～(6)に答えなさい。

[2021和歌山]

**実験Ⅰ**　「電流がつくる磁界を調べる実験」

（ⅰ）　**図1**のような装置を組み立て、コイルのABのまわりに方位磁針を6つ置いた。

（ⅱ）　電源装置のスイッチを入れて電流をA→B→C→Dの向きに流し、6つの方位磁針のN極が指す向きを調べた。

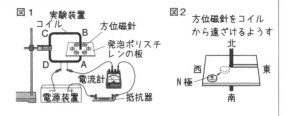

（ⅲ）　方位磁針を1つだけ残し、電流の大きさは（ⅱ）のときから変えずに、方位磁針をコイルから遠ざけていくと、方位磁針のN極の指す向きがどのように変化するかを調べた（**図2**）。

図1


図2


**実験Ⅱ**　「電流が磁界から受ける力について調べる実験」

（ⅰ）　**図3**のような装置を組み立て、回路に6Vの電圧を加えて、コイルにA→B→C→Dの向きに電流を流し、コイルの動きを調べた。

（ⅱ）　（ⅰ）の結果を記録した（**図4**）。

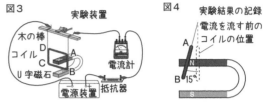

（ⅲ）　（ⅰ）のときより電気抵抗の小さい抵抗器にかえ、回路に6Vの電圧を加えて、コイルにD→C→B→Aの向きに電流を流し、コイルの動きを調べた。

図3


図4


**実験Ⅲ**　「コイルと磁石による電流の発生について調べる実験」

（ⅰ）　**図5**のように粘着テープで固定したコイルと検流計をつないで、棒磁石のN極をコイルに近づけたり、遠ざけたりしたときの検流計の指針のようすをまとめた（**表**）。

（ⅱ）　（ⅰ）のときから棒磁石の極を逆にして、**図6**のように棒磁石のS極をコイルのすぐ上で、PからQに水平に動かしたときの検流計の指針のようすを調べた。

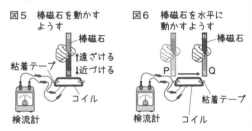

図5　棒磁石を動かすようす


図6　棒磁石を水平に動かすようす


**表**　**実験Ⅲ**（ⅰ）の結果

| 棒磁石のN極 | 近づける | 遠ざける |
|---|---|---|
| 検流計の指針 | 右に振れた | 左に振れた |

(1)　**実験Ⅰ**（ⅱ）について、方位磁針を真上から見たときのN極が指す向きを記録した図として最も適当なものを、次の**ア**～**エ**から選び、記号で答えなさい。

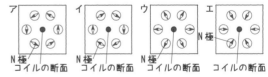

(2)　**実験Ⅰ**（ⅲ）の結果、方位磁針のN極はしだいに北の向きを指すようになった。この結果から、導線を流れる電流がつくる磁界の強さについてどのようなことがわかるか、簡潔に書きなさい。

(3)　**実験Ⅱ**（ⅲ）のとき、コイルの位置を表したものとして最も適当なものを、右の**ア**～**エ**から選び、記号で答えなさい。

(4)　**実験Ⅲ**（ⅰ）のように、コイルの中の磁界を変化させたときに電圧が生じて、コイルに電流が流れる現象を何というか、答えなさい。

(5)　**実験Ⅲ**（ⅰ）で、発生する電流の大きさを、実験器具をかえずに、より大きくするための方法を簡潔に書きなさい。

(6)　**実験Ⅲ**（ⅱ）で、検流計の指針の振れはどのようになるか、簡潔に書きなさい。

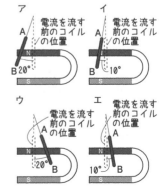

# 力の合成・分解、水圧と浮力

## 1 力の合成

1 **力の合成**…2つの力と同じはたらきをする1つの力を求めること。

2 **合力**…力の合成によって求めた1つの力。

▶ **一直線上にあり、向きが同じ2力の合力**

向きは2力と同じで、大きさは2力の和になる。

▶ **一直線上にあり、向きが反対の2力の合力**

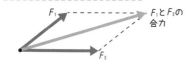

向きは力の大きいほうと同じで、大きさは2力の差になる。

▶ **一直線上にない、2力の合力**

2力をとなり合う2辺とする平行四辺形の対角線で表される。

📖 参考

・3力のつり合い

$F_1$と$F_2$の合力は、$F_3$とつり合っている。

## 2 力の分解

1 **力の分解**…1つの力を同じはたらきをする2つの力に分けること。

2 **分力**…力の分解によって求めた2つの力。

3 **物体を2本のひもで引くときの力**…ひもを引く力は、重力とつり合う力を2本のひもの方向に分解した力になる。

・ひもを持つ手の間の距離が大きいほど、ひもを引く力は大きくなる。

▶ **ひもを持つ手の間の距離が小さいとき**

▶ **ひもを持つ手の間の距離が大きいとき**

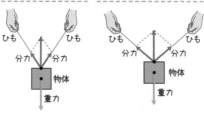

4 **斜面上の物体にはたらく力**…物体にはたらく重力は、**斜面に平行な分力**と**斜面に垂直な分力**に分けられる。斜面に垂直な分力は斜面からの<ruby>垂直抗力<rt>すいちょくこうりょく</rt></ruby>とつり合っている。

・斜面の<ruby>傾<rt>かたむ</rt></ruby>きが大きいほど、斜面に平行な分力は大きくなり、斜面に垂直な分力は小さくなる。

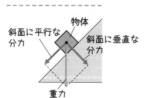

▶ **傾きが小さいとき**

▶ **傾きが大きいとき**

📖 参考

ひもを持つ手の間の距離が大きくなると、ひもの間の角度は大きくなる。

📖 参考

包丁でかたい食材が切れるのは、包丁が食材に下向きに加える力が小さくても、食材を左右に押す分力が大きくなるため。

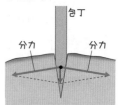

合格への
ヒント

● 力の合成・分解は「平行四辺形」をつくることを意識しよう！
● 水の深さは、水圧には関係するが、浮力には関係しないことに注意しよう！

## 3 水圧

❶ **水圧**…水中にある物体にはたらいている圧力。物体より上にある水の重力によって生じる。

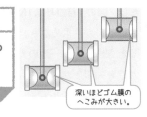

深いほどゴム膜の
へこみが大きい。

> ⚠ 注意
>
> 同じ深さではたらく水圧の大きさは等しい。

> ♪ 発展
>
> 水圧の大きさは、水面からの深さに比例する。

### 💡 絶対おさえる！ 水圧のはたらき方

☑ 水圧は、物体のそれぞれの面に垂直に、あらゆる向きからはたらく。
☑ 水圧は、水面からの深さが深いほど**大きくなる**。

## 4 浮力

❶ **浮力**…水中にある物体にはたらいている**上向きの力**。物体の上面に下向きにはたらく水圧と、物体の下面に上向きにはたらく水圧の差によって生じる。

▶ 浮力が生じる理由

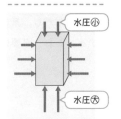

水圧⼩

水圧⼤

上面にはたらく水圧と下面にはたらく水圧の差によって上向きの力が生じる。

> ♪ 発展
>
> 浮力の大きさは、物体が押しのけた体積分の水にはたらく重力の大きさに等しい。

### 💡 絶対おさえる！ 浮力の大きさ

☑ 浮力は、水中にある物体の体積が大きいほど大きくなる。
☑ 物体全体が水中に沈んだとき、浮力の大きさは水の深さに関係しない。

### 💡 絶対おさえる！ 浮力の求め方

☑ 浮力〔N〕＝空気中での物体の重さ〔N〕－水中での物体の重さ〔N〕

### ❷ 物体の浮き沈み

・浮力より重力のほうが大きいとき…物体は沈んでいく。
・浮力より重力のほうが小さいとき…物体は浮いていく。水面に浮き上がった物体にはたらく浮力と重力はつり合っている。

浮力

重力

浮力と重力は
つり合っている。

浮力の求め方

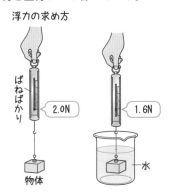

ばねばかり

2.0N

1.6N

物体

水

浮力の大きさは、
2.0－1.6＝0.4〔N〕

確 認 問 題

| 日付 | ／ | ／ | ／ |
|---|---|---|---|
| ○△× | | | |

**1** 図は、物体Pに2つの力*A*と力*B*がはたらいているようすを表している。(1)、(2)の問いに答えなさい。ただし、図の1目盛りは1Nである。　[2021佐賀]

(1) 力*A*と力*B*の合力の大きさは何Nか、求めなさい。

(2) 力*A*と力*B*をはたらかせるときに、もう一つの力*C*をはたらかせることで物体Pを静止させたい。力*C*を矢印でかきなさい。ただし、力*C*の作用点は、力*A*と力*B*の作用点と一致させること。

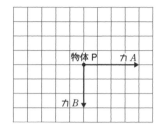

**2** 図のように、質量1.0kgのおもりを糸1と糸2で天井からつるした。図中の矢印は、おもりにはたらく重力を表している。糸1と糸2が、糸3を引く力を、矢印を使ってすべてかき入れなさい。ただし、糸の質量は考えないものとし、矢印は定規を用いてかくものとする。なお、必要に応じてコンパスを用いてもよい。

[2020埼玉]

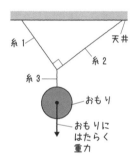

**3** 水中の物体にはたらく力を調べる目的で実験を行った。これについて、あとの(1)〜(4)に答えなさい。

[2021島根]

---

**[実験]**

操作1　図1のように、空気中で物体Aをばねばかりにつるしたところ、ばねばかりは0.45Nを示した。

操作2　物体Aをばねばかりからはずし、図2のメスシリンダーに入れると沈んで、図3のように底で静止した。このときメスシリンダーの目盛りは図4のとおりであった。

操作3　空気中で物体Aを糸でばねばかりにつるし、図5のように物体Aの全体を別の容器の水中に入れた。

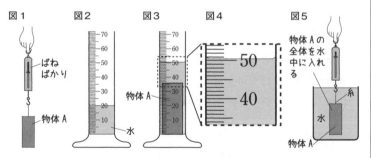

---

(1) 図3のように物体Aが水の中に沈み、メスシリンダーの底で静止しているとき、物体Aにはたらく重力の大きさは何Nか、答えなさい。

(2) 図4のメスシリンダーの目盛りから、この物体Aの体積は何cm³か、求めなさい。ただし、物体Aを入れる前のメスシリンダーの目盛りは20.5cm³であった。

(3) 図5で、ばねばかりが示す値は何Nか、次の4点をもとにして求めなさい。

・水中の物体Aにはたらく浮力の大きさは、物体Aの水中にある部分の体積と同じ体積の水にはたらく重力の大きさに等しい。

・100gの物体にはたらく重力の大きさを1Nとする。

・水1cm³の質量は1gとする。

・糸の重さと体積は考えないものとする。

(4) 図5で、物体Aにはたらく水圧のようすを矢印で表した図はどれか、次のア〜エから最も適当なものを選び、記号で答えなさい。ただし、図中の矢印の向きと長さは、それぞれ水圧がはたらく向きと水圧の大きさを表している。

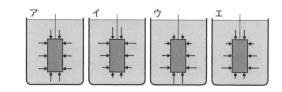

4 浮力に関するあとの問いに答えなさい。 [2021 愛媛]

[実験1] 重さ0.84Nの物体Xと重さ0.24Nの物体Yを水に入れたところ、図1のように、物体Xは沈み、物体Yは浮いて静止した。

[実験2] 図2のように、物体Xとばねばかりを糸でつなぎ、物体Xを水中に沈めて静止させたところ、ばねばかりの示す値は0.73Nであった。次に、図3のように、物体X、Y、ばねばかりを糸でつなぎ、物体X、Yを水中に沈めて静止させたところ、ばねばかりの示す値は0.64Nであった。ただし、糸の質量と体積は考えないものとする。

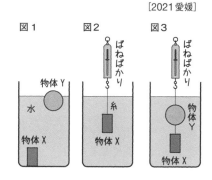

(1) 次の文の①、②の｛ ｝の中から、最も適当なものをそれぞれ選び、記号で答えなさい。

　図1で、物体Xにはたらく、浮力の大きさと重力の大きさを比べると、①｛ア 浮力が大きい　イ 重力が大きい　ウ 同じである｝。図1で、物体Yにはたらく、浮力の大きさと重力の大きさを比べると、②｛ア 浮力が大きい　イ 重力が大きい　ウ 同じである｝。

(2) 図3で、物体Yにはたらく浮力の大きさは何Nか、求めなさい。

5 図1のように、空気中で物体Aを糸でばねばかりにつるし、ばねばかりの示す値を読みとった。次に、図2のように、物体Aをすべて水に入れ、ばねばかりの示す値を読みとった。さらに、物体Aのかわりに、物体Aと質量が等しい物体Bを用いて、同様に測定し記録した。表は、ばねばかりの値をまとめたものである。ただし、糸の質量や体積は考えないものとし、物体A、物体Bの内部に空洞はなく、密度は均一であるとする。　[2020 長崎]

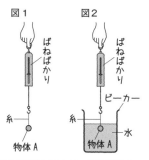

(1) 図2の状態で、物体Aにはたらく浮力の大きさは何Nか、求めなさい。

(2) 物体A、物体Bの密度はどちらが小さいか、記号で答えなさい。また、その理由を物体A、物体Bの「質量」や「浮力と体積の関係」にふれながら説明しなさい。

|  | 空気中での値 | 水中での値 |
| --- | --- | --- |
| 物体A | 1N | 0.8N |
| 物体B | 1N | 0.6N |

# 物体の運動

## 1 速さ

❶ **速さ**…一定時間に移動する距離。単位はメートル毎秒（記号：m/s）やキロメートル毎時（km/h）など。

> 💡 **絶対おさえる！ 速さの求め方**
>
> ☑ 速さ〔m/s〕＝ $\dfrac{\text{移動距離〔m〕}}{\text{移動にかかった時間〔s〕}}$

❷ **瞬間の速さ**…時間の経過とともに時々刻々と変化する速さ。

❸ **平均の速さ**…ある時間の間、同じ速さで移動したと考えて求めた速さ。

❹ **速さの調べ方**

・ストロボ写真…一定の時間間隔で発光するストロボスコープで撮影する。

・記録タイマー…一定の時間
間隔でテープに打点して
記録する。

▶ だんだん速くなる運動を記録したテープ

調べ始める打点　　　←テープが動いた向き

打点の重なっているところは使わない。

> 📖 参考
>
> 記録タイマーは、東日本では1秒間に50回、西日本では60回打点するものが多い。
>
>
>
> 記録タイマー
>
> 記録テープ

> 📖 参考
>
> 記録したテープは、0.1秒ごとに切って台紙に並べてはる。
>
>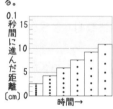

## 2 物体に力がはたらくときの運動

❶ **だんだん速くなる運動**

・斜面を下る物体の運動…運動の
向きと同じ向きに一定の大きさ
の力がはたらき続けるので、物体
の速さは一定の割合で増加する。

　➡斜面の傾きが大きいほど、運
動の向きに物体にはたらく力
が大きくなり、速さが変化す
る割合は大きくなる。

▶ **傾きが小さいとき**

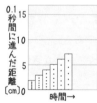

台車にはたらく力 ⩗

▶ **傾きが大きいとき**

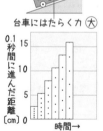

台車にはたらく力 ⩙

・自由落下運動…物体が鉛直下向きに落下するときの運動。速さの変化の割合
が最も大きい。

> 📖 参考
>
> 斜面を下る物体の運動の時間と速さの関係
>
>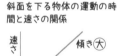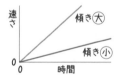

❷ **だんだんおそくなる運動**

・斜面を上る物体の運動…運動の向きと逆向きに力
がはたらき続けるので、物体の速さは一定の割合
で減少する。

　➡斜面の傾きが大きいほど、運動の向きと逆向きにはたらく力が大きくなる
ので、速さが変化する割合は大きくなる。

・摩擦のある水平面上を進む物体の運動…運動の向
きと逆向きに摩擦力がはたらくので、速さはだん
だん減少する。

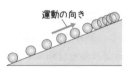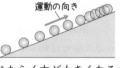

運動の向き

運動の向き

摩擦力

> ⚠ 注意
>
> 物体が斜面を上っていても、物体にはたらく重力の斜面に平行な分力は下向きである。

月 日

合格への
ヒント
- 記録タイマーを用いて平均の速さを求める問題が頻出！
- 「慣性の法則」や「作用・反作用の法則」は、身近な現象をイメージしよう！

Chapter 7

物体の運動

## 3 物体に力がはたらかないときの運動

❶ **等速直線運動**…物体が一定の速さで一直線上を移動する運動。物体に力がはたらかないとき、物体は等速直線運動をする。

- 速さはつねに一定である。

- 移動距離は時間に比例する。

▶ 等速直線運動のようす

・時間と速さの関係　　　　・時間と移動距離の関係

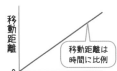

> 📖 参考
>
> 等速直線運動における時間と移動距離のグラフの傾きは、速さが速いほど大きい。
>
>

## 4 慣性の法則

❶ **慣性**…物体がそれまでの運動を続けようとする性質。

> 💡 絶対おさえる！　慣性の法則
>
> ☑ 物体に力がはたらいていないか、力がはたらいていてもつり合っているとき、静止している物体は静止し続け、運動している物体はそのままの速さで等速直線運動を続ける。これを慣性の法則という。

📝 電車が動き出すとき、車内の乗客は静止し続けようとして進行方向と反対の向きに傾く。走っている電車が止まるとき、車内の乗客はそのまま運動し続けようとして進行方向に傾く。

・電車が動き出すとき　　　・電車が止まるとき

進行方向 ➡　　　　　　　進行方向 ➡

## 5 作用・反作用の法則

❶ **作用・反作用の法則**…物体に力（作用）を加えると、同時に物体から、**一直線上にあり、大きさが等しく、向きが反対の力**（反作用）を受ける。これを、作用・反作用の法則という。

BがAを押し返す力（反作用）　AがBを押す力（作用）

> AがBを押すと、AはBに押し返されてBと反対の向きに動く。

❷ **作用・反作用の2力とつり合う2力のちがい**

・作用・反作用の2力…2つの物体のそれぞれにたがいにはたらく。

・つり合う2力…1つの物体にはたらく。

> ⚠ 注意
>
> 作用・反作用の2力もつり合う2力も、一直線上にあり、大きさが等しく、向きは反対であるので注意する。

033

# 確 認 問 題

**1** 物体の運動について調べるために次の実験を行った。(1)～(5)の問いに答えなさい。ただし、空気の抵抗、運動する台車にはたらく摩擦、記録タイマーの摩擦は考えないものとする。

[2022山梨]

**実験**

① 図1のように、1秒間に50回点を打つ記録タイマーを斜面上部に固定し、記録テープを台車にはりつけた。記録テープを手で支え、台車を静止させた。

② 記録タイマーのスイッチを入れた後、記録テープから静かに手をはなし、台車が斜面を下りて水平面上をまっすぐに進んでいく運動を記録した。

③ 記録テープを、打点が重なり合わずはっきりと判別できる点から、0.1秒ごとに切りはなし、記録テープの基準点側から順にA～Iとし、それぞれの長さを測定した。結果は表のようになった。図2は、記録テープを台紙にはりつけたものである。ただし、記録テープの打点を省略してある。

図1
記録タイマー
記録テープ　台車が斜面上を
台車　進む距離
斜面　水平面

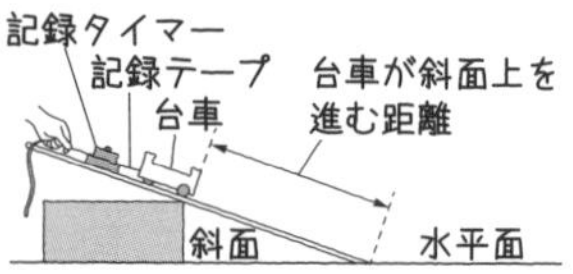

図2

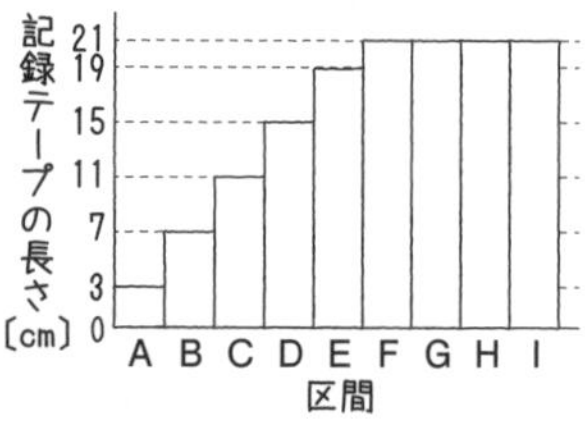

| 区間 | A | B | C | D | E | F | G | H | I |
|---|---|---|---|---|---|---|---|---|---|
| 記録テープの長さ〔cm〕 | 3.0 | 7.0 | 11.0 | 15.0 | 19.0 | 21.0 | 21.0 | 21.0 | 21.0 |

(1) 図3は、記録テープと打点を表している。記録テープを基準点から0.1秒後のところで切りはなすとき、どこで切りはなせばよいか。基準点に示した線にならって図3に実線でかき入れなさい。

図3
台車が運動した向き
基準点

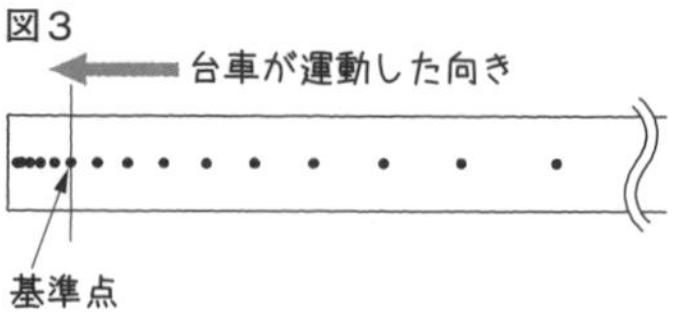

(2) 実験の②、③について、表のCとDを合わせた区間の平均の速さを求め、単位をつけて答えなさい。ただし、単位は記号で書きなさい。

(3) 実験の②、③について、区間Fの直前に、台車が水平面に達したため、区間F～Iでは、区間A～Eとちがい、記録テープの長さが変わらなくなり、台車は等速直線運動をした。その理由を簡潔に書きなさい。

(4) 次の　　　　は、実験で斜面上の台車にはたらく力について述べた文章である。ⓐ、ⓑにあてはまるものをア～ウからそれぞれ選び、記号で答えなさい。

　　斜面上の台車にはたらく重力を $W$、垂直抗力を $N$ とし、$W$ と $N$ の大きさを比べると、ⓐ〔ア　$W > N$　イ　$W = N$　ウ　$W < N$〕である。また、台車が斜面を下っている間、$W$ の斜面に平行な分力は、ⓑ〔ア　だんだん大きくなった　イ　一定であった　ウ　だんだん小さくなった〕。

(5) 図1の装置を用いて、台車が斜面上を進む距離は変えずに、斜面の傾きを大きくし、実験と同じ操作を行った。このときの実験結果として最も適当なものを、次のア～エから選び、記号で答えなさい。

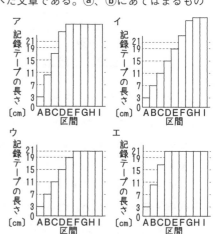

**2** 物体の運動のようすを調べるために、次の実験①、②、③を順に行った。　　　　　[2022栃木]

① 　図1のように、水平な台の上で台車におもりをつけた糸をつけ、その糸を滑車にかけた。台車を支えて
いた手を静かにはなすと、おもりが台車を引き始め、台車はまっすぐ進んだ。1秒間に50打点する記録
タイマーで、手をはなしてからの台車の運動をテープに記録した。図2は、テープを5打点ごとに切り、
経過時間順に**A**から**G**とし、紙にはりつけたものである。台車と台の間の摩擦は考えないものとする。

② 　台車を同じ質量の木片にかえ、木片と台の間の摩擦がはたらくようにした。おもりが木片を引いて動
き出すことを確かめてから、実験①と
同様の実験を行った。

③ 　木片を台車にもどし、**図3**のように、
水平面から30°台を傾け、実験①と同
様の実験を行った。台車と台の間の摩
擦は考えないものとする。

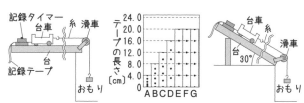

このことについて、次の(1)、(2)、(3)、(4)の問いに答えなさい。ただし、糸はのび縮みせず、糸とテープの質
量や空気の抵抗はないものとし、糸と滑車の間およびテープとタイマーの間の摩擦は考えないものとする。

(1) 　**実験①**で、テープ**A**における台車の平均の速さは何cm/sか、求めなさい。

(2) 　**実験①**で、テープ**E**以降の運動では、テープの長さが等しい。この運動を何というか、答えなさい。

(3) 　**実験①、②**について、台車および木片の
それぞれの速さと時間の関係を表すグラフ
として、最も適当なものを次の**ア〜エ**から
選び、記号で答えなさい。

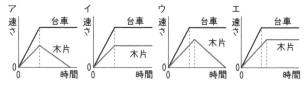

(4) 　おもりが落下している間、台車の速さが変化する割合は、実験①よりも実験③のほうが大きくなる。その
理由として最も適当なものを次の**ア〜エ**から選び、記号で答えなさい。

**ア**　糸が台車を引く力がじょじょに大きくなるから。

**イ**　台車にはたらく垂直抗力の大きさが大きくなるから。

**ウ**　台車にはたらく重力の大きさが大きくなるから。

**エ**　台車にはたらく重力のうち、斜面に平行な分力がはたらくから。

**3** 図の $A \sim C$ は、机の上に物体を置いたとき、机と物体にはたらく力を表してい
る。力のつり合いの関係にある2力と作用・反作用の関係にある2力とを組み合
わせたものとして最も適当なも
のを、表のア〜エから選び、記号
で答えなさい。ただし、図では $A$
$\sim C$ の力は重ならないように少
しずらして示している。

[2021東京]

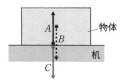

A: 机が物体を押す力
B: 物体にはたらく重力
C: 物体が机を押す力

| | 力のつり合いの<br>関係にある2力 | 作用・反作用の<br>関係にある2力 |
|---|---|---|
| **ア** | $A$ と $B$ | $A$ と $B$ |
| **イ** | $A$ と $B$ | $A$ と $C$ |
| **ウ** | $A$ と $C$ | $A$ と $B$ |
| **エ** | $A$ と $C$ | $A$ と $C$ |

物理

# 仕事とエネルギー

## 1 仕事

① **仕事**…物体に力を加えて力の向きに動かしたとき、力は物体に「仕事をした」という。単位はジュール（記号：J）。

### 💡 絶対おさえる！ 仕事の大きさの求め方

☑ **仕事〔J〕＝物体に加えた力の大きさ〔N〕×力の向きに動いた距離〔m〕**

- **重力にさからってする仕事**…物体を一定の速さである高さまで持ち上げるとき、物体にはたらく重力と反対の向きに、**重力と同じ大きさの力**を加える。
- **摩擦力にさからってする仕事**…水平な面の上で物体を一定の速さで引くとき、面と物体の間にはたらく摩擦力と反対の向きに、**摩擦力と同じ大きさの力**を加える。

▶ **重力にさからってする仕事**

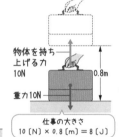

物体を持ち上げる力 10N

重力10N

0.8m

仕事の大きさ
10〔N〕× 0.8〔m〕＝ 8〔J〕

▶ **摩擦力にさからってする仕事**

物体を引く力30N

仕事の大きさ
30〔N〕× 2〔m〕＝ 60〔J〕

摩擦力30N

2m

② **仕事の原理**…道具を使って仕事をしても、道具を使わないときと**仕事の大きさは変わらない**。これを仕事の原理という。同じ仕事をするとき、力を加える距離を大きくすると、物体に加える力の大きさは小さくなる。

- **動滑車を使う**…動滑車を1個使うと、加える力の大きさは$\frac{1}{2}$になるが、動かす距離は2倍になる。
- **斜面を使う**…加える力の大きさは小さくなるが、動かす距離は大きくなる。
- **てこを使う**…物体から支点、支点から力点までの距離の比が1：2のとき、加える力の大きさは$\frac{1}{2}$になるが、動かす距離は2倍になる。

▶ **動滑車を使う**

▶ **道具を使わない**

加えた力 10N

ひも

ひもを引いた距離40cm

40cm

仕事の大きさ
10〔N〕× 0.4〔m〕＝ 4〔J〕

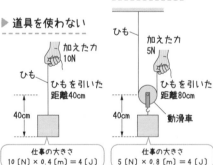

加えた力 5N

ひも

ひもを引いた距離80cm

40cm

動滑車

仕事の大きさ
5〔N〕× 0.8〔m〕＝ 4〔J〕

③ **仕事率**…1秒間あたりにする仕事。単位はワット（記号：W）。

### 💡 絶対おさえる！ 仕事率の求め方

☑ 仕事率〔W〕＝$\dfrac{仕事〔J〕}{かかった時間〔s〕}$

例 60Jの仕事を20秒かかってしたときの仕事率は、

$\dfrac{60〔J〕}{20〔s〕}= 3$〔W〕

**合格への ヒント**
- ●「仕事」と「仕事率」は定義のちがいに注意。仕事率は「仕事の効率」！
- ● 力学的エネルギー保存の法則はふりこをイメージして整理しよう！

## 2 ≪ 力学的エネルギー

❶ **エネルギー**…ほかの物体に仕事ができる能力。単位はジュール（記号：J）。

❷ **位置エネルギー**…高い位置にある物体がもつエネルギー。物体の位置が高い
ほど、また、物体の質量が大きいほど位置エネルギーは大きくなる。

❸ **運動エネルギー**…運動している物体がもつエネルギー。物体の速さが大きい
ほど、また、物体の質量が大きいほど運動エネルギーは大きくなる。

❹ **力学的エネルギー**…位置エネルギーと運動エネルギーの和を力学的エネル
ギーという。

### 💡 絶対おさえる！ 力学的エネルギー保存の法則

☑ 摩擦や空気抵抗がなければ、力学的エネルギーは一定に保たれる。これを
力学的エネルギー保存の法則という。

▶ 力学的エネルギーの
移り変わり

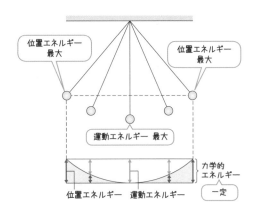

## 3 ≪ エネルギーの変換

❶ **エネルギー保存の法則**…エネルギーがほかのエネルギーに変換されるとき、
エネルギーの総量はつねに一定に保たれる。これを
エネルギー保存の法則という。

❷ **エネルギー変換効率**…エネルギーが目的のエネルギーに変換される割合。

❸ **熱の移動**

- ・**熱伝導（伝導）**…接している物体の間で、温度の高い部分から温度の低い部
分に熱が伝わる現象。

- ・**対流**…液体や気体の温度の異なる部分が流動して熱が運ばれる現象。

- ・**熱放射（放射）**…温度の高い物体から出た光や赤外線などが、別の物体に当
たって熱が移動し、温度が上昇する現象。

📖 参考

エネルギーには、電気エネル
ギー、弾性エネルギー、光エ
ネルギー、音エネルギー、化
学エネルギー、核エネルギー
などがある。

# 確認問題

| 日付 | ／ | ／ | ／ |
|---|---|---|---|
| ○△× | | | |

**1** 物体を引き上げるときの仕事について調べるために、水平な床の上に置いた装置を用いて、次の実験1、2を行った。この実験に関して、下の(1)〜(3)の問いに答えなさい。ただし、質量100gの物体にはたらく重力を1Nとし、ひもと動滑車の間には、摩擦力ははたらかないものとする。また、動滑車およびひもの質量は、無視できるものとする。

[2020新潟]

**実験1** 図1のように、フックのついた質量600gの物体をばねばかりにつるし、物体が床面から40cm引き上がるまで、ばねばかりを10cm/sの一定の速さで真上に引き上げた。

**実験2** 図2のように、フックのついた質量600gの物体を動滑車につるし、物体が床面から40cm引き上がるまで、ばねばかりを10cm/sの一定の速さで真上に引き上げた。

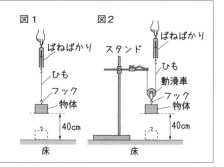

(1) **実験1**について、次の①、②の問いに答えなさい。
　① ばねばかりを一定の速さで引き上げているとき、ばねばかりが示す値は何Nか。求めなさい。
　② 物体を引き上げる力がした仕事は何Jか、求めなさい。
(2) **実験2**について、次の①、②の問いに答えなさい。
　① ばねばかりを一定の速さで引き上げているとき、ばねばかりが示す値は何Nか。
　② 物体を引き上げる力がした仕事の仕事率は何Wか、求めなさい。
(3) 物体を引き上げる**実験1**、2における仕事の原理について、「動滑車」という語句を用いて、答えなさい。

**2** 物体を持ち上げるのに必要な仕事について調べるため、誠さんは次の実験Ⅰ、Ⅱを行った。これについて、あとの問い(1)、(2)に答えなさい。ただし、質量100gの物体にはたらく重力の大きさを1Nとし、斜面と物体の間の摩擦、ロープの質量は考えないものとする。

[2022京都]

**実験Ⅰ** 図1のように、質量1400gの物体を、ロープを用いて、4.0秒かけて一定の速さで斜面に平行に1.40m引き上げることで、はじめの位置から0.80mの高さまで持ち上げる。

**実験Ⅱ** 図2のように、質量1400gの物体を、ロープを用いて、7.0秒かけて一定の速さで真上に引き上げることで、はじめの位置から1.40mの高さまで持ち上げる。

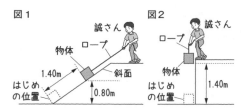

(1) **実験Ⅰ**で物体を引き上げる力の大きさは何Nか、求めなさい。

(2)　次の文章は、**実験Ⅰ**と**実験Ⅱ**における、仕事と仕事率について述べたものの一部である。文章中の　X　・　Y　に入る表現として最も適当なものを、あとの**ア〜ウ**からそれぞれ選び、記号で答えなさい。

> 　　**実験Ⅰ**と**実験Ⅱ**で、物体を引き上げる力が物体にした仕事の大きさを比べると　X　。また、仕事率を比べると　Y　。

**ア**　実験Ⅰのほうが大きい　　　**イ**　実験Ⅱのほうが大きい　　　**ウ**　どちらも同じである

**3** 次のⅠ、Ⅱの問いに答えなさい。

[2022長崎]

Ⅰ　**図1**のように、カーテンレールを用いた装置を作製し、点**A**で小球を静かにはなしたところ、小球はレールからはなれることなく点**B**、点**C**、点**D**、点**E**、点**F**の順に通過した。点**B**から各点までの高さを測ると、点**A**の高さは点**D**の高さの2倍であった。また、点**C**、点**E**の高さはどちらも、点**D**の高さの半分であった。ただし、小球が受ける摩擦や空気抵抗は考えないものとする。

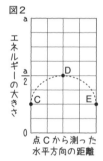

図1

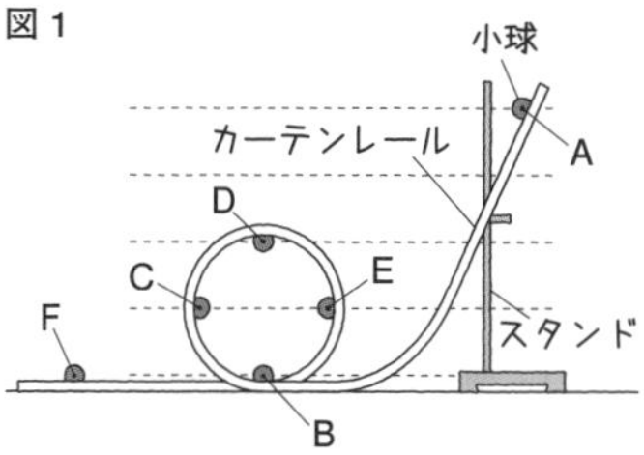

(1)　小球が区間**BCDE**を運動している間に、速さが最も大きいのは小球がどの位置にあるときか。点**B**、点**C**、点**D**、点**E**の中から最も適当なものを選び、記号で答えなさい。

(2)　点**B**を高さの基準として、点**A**で小球がもつ位置エネルギーの大きさを$a$とする。小球が区間**CDE**を運動するときの、点**C**から測った水平方向の距離と小球の位置エネルギーの大きさの関係が**図2**の破線のようになるとき、点**C**から測った水平方向の距離と小球の運動エネルギーの大きさの関係を表すグラフを、**図2**に実線でかき入れなさい。

図2

Ⅱ　**図3**のように、カーテンレールを用いた装置を作製し、レールの水平部分に木片を置き、斜面上で小球を静かにはなしたところ、小球は点**P**で木片と衝突したあと木片を動かし、やがて小球、木片ともに静止した。質量の異な

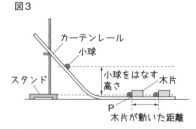

図3

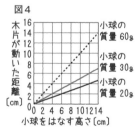

図4

る小球を用いて、小球をはなす高さを変え、木片が静止するまでに動いた距離をくり返し測定したところ、木片が動いた距離と、小球をはなす高さの関係は**図4**のようなグラフになった。ただし、小球とカーテンレールの間には一定の大きさの摩擦がはたらくものとする。また、空気抵抗は考えないものとし、小球がはじめにもつ位置エネルギーはすべて木片を動かすことに使われるものとする。

(3)　小球をはなす高さが8cmのとき、木片が動いた距離と、小球の質量との関係を表すグラフを、右の**図5**にかきなさい。

(4)　**図4**から、小球がはじめにもつ位置エネルギーは、小球をはなす高さと、小球の質量に比例すると考えられる。**図3**で小球をはなす高さを6cmにして、質量80gの小球を斜面上で静かにはなすとき、木片が動く距離は何cmか、求めなさい。

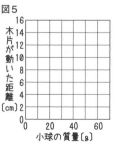

図5

# 物質の性質、気体の性質

## 1 いろいろな物質

### ❶ 有機物と無機物

- 有機物…炭素をふくみ、熱すると黒くこげて、二酸化炭素や水を発生させる

  物質。例 砂糖、デンプン、ろう、エタノール、プラスチック。

- 無機物…有機物以外の物質。例 食塩、水、ガラス、鉄。

> 📖 参考
>
> ものを外観で判断するとき は物体、材料で判断するとき は物質という。

### ❷ 金属と非金属

- 金属…金属には共通の性質がある。例 鉄、銀、銅、アルミニウム。

> ⚠ 注意
>
> 二酸化炭素は炭素をふくん でいるが無機物である。また、 炭素も無機物である。

> 💡 絶対おさえる！ 金属の性質
>
> ☑ みがくと特有の光沢が出る（金属光沢）。
> ☑ 電気をよく通す（電気伝導性）。
> ☑ 熱をよく伝える（熱伝導性）。
> ☑ たたくとうすく広がる（展性）。
> ☑ 引っぱると細くのびる（延性）。

> ⚠ 注意
>
> 磁石につくのは、鉄などの一 部の金属の性質で、金属に共 通する性質ではない。

- 非金属…金属以外の物質。例 ガラス、プラスチック、ゴム、木。

### ❸ 密度…物質 1 cm³ あたりの質量。単位はグラム毎立方センチメートル（記号：

g /cm³）。密度は物質の種類によって決まっている。

> 📖 参考
>
> 水の密度は 1 g/cm³ である。

> 💡 絶対おさえる！ 密度の求め方
>
> ☑ 密度〔g/cm³〕= $\dfrac{物質の質量〔g〕}{物質の体積〔cm^3〕}$

例 質量 54 g、体積 20cm³ の

物質の密度は、

$\dfrac{54〔g〕}{20〔cm^3〕}$ = 2.7〔g /cm³〕

> 📖 参考
>
> 質量を求めるときは、次の式 で求める。
> 物質の質量〔g〕
> ＝密度〔g/cm³〕×
> 　物質の体積〔cm³〕

### ❹ 密度と浮き沈み…液体中の物質の浮き沈みは、液体と物質の密度で決まる。

- 物質の密度が液体の密度より小さい➡物質は液体に浮く。

- 物質の密度が液体の密度より大きい➡物質は液体に沈む。

## 2 ガスバーナーの使い方

### ❶ 火をつけるとき

①ガス調節ねじと空気調節ねじが閉まっていること

を確認する。

②元栓を開く（コックがあるときはコックも開く）。

③マッチに火をつけ、ガス調節ねじを開いて点火する。

④ガス調節ねじを回して、炎の大きさを調節する。

⑤空気調節ねじだけを開いて、青色の炎に調節する。

空気調節
ねじ
コック
ガス調節
ねじ

> ⚠ 注意
>
> ガスバーナーのねじは、右に 回すと閉まり、左に回すと開 く。

### ❷ 火を消すとき

①空気調節ねじを閉める。

②ガス調節ねじを閉める。

③（コックがあるときはコックを閉じて）元栓を閉じる。

> 📖 参考
>
> 空気が不足しているときは、 オレンジ色の長い炎になる。

● 密度の求め方は、単位を意識しながら覚えよう！
● 気体は、「発生方法」「水へのとけやすさ」「密度」「集め方」「性質」に注意！

## 3 気体の集め方

❶ **水上置換法**（すいじょうちかんほう）…水にとけにくい気体の集め方。

　　例 水素、酸素、二酸化炭素。

❷ **上方置換法**…水にとけやすく、空気より密度が小さい気体の集め方。

　　例 アンモニア。

❸ **下方置換法**…水にとけやすく、空気より密度が大きい気体の集め方。

　　例 二酸化炭素。

> ⚠️ 注意
>
> 気体を集めるとき、はじめに出てきた気体には空気がふくまれているので集めない。

> 📖 参考
>
> 二酸化炭素は少ししか水にとけないので、水上置換法でも集めることができる。

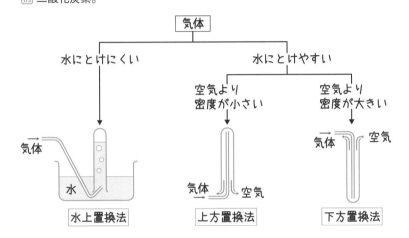

## 4 気体の発生方法と性質

❶ **酸素**…二酸化マンガンにうすい過酸化水素水（オキシドール）を加えると発生する。

　　・無色・無臭（むしゅう）で、水にとけにくく、空気より少し密度が**大きい**。

　　・ものを燃やすはたらき（**助燃性**）がある。

❷ **二酸化炭素**…石灰石にうすい塩酸を加えると発生する。

　　・無色・無臭で、水に少しとけ、空気より密度が**大きい**。
　　・石灰水（せっかいすい）を**白くにごらせる**。
　　・水溶液（すいようえき）は酸性を示す。

❸ **水素**…マグネシウムや鉄などの金属にうすい塩酸を加えると発生する。

　　・無色・無臭で、水にとけにくく、物質の中で最も密度が小さい。

　　・火をつけると**音を立てて燃え**、水ができる。

❹ **アンモニア**…塩化アンモニウムと水酸化カルシウムの混合物を加熱すると発生する。

　　・無色で**刺激臭**（しげきしゅう）があり、有毒である。**水にとてもとけやすく**、空気より密度が小さい。

　　・水溶液はアルカリ性を示す。

> ⚠️ 注意
>
> 酸素そのものは燃えない。

> 📖 参考
>
> **アンモニアの噴水実験**（ふんすい）
>
>
>
> スポイトを押してアンモニアで満たしたフラスコに水を入れると、アンモニアが水にとけて、フェノールフタレイン溶液を入れたビーカーの水がフラスコの中に吸い上げられ、赤色の噴水が噴き出す。

# 確認問題

| 日付 | ／ | ／ | ／ |
|------|-----|-----|-----|
| ○△× | | | |

**1** 右の図は、点火したガスバーナーの空気の量が不足している状態を示している。ガスの量を変えずに空気の量を調節し、炎を青色の安定した状態にするために必要な操作として最も適当なものを次のア〜エから選び、記号で答えなさい。　　　　　　　　　　　　　　　　　　　　　　　　　　　　　　[2019 神奈川]

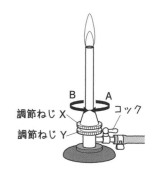

**ア** 調節ねじ **Y** を **A** 方向に回す。

**イ** 調節ねじ **Y** を **B** 方向に回す。

**ウ** 調節ねじ **Y** を押さえて、調節ねじ **X** だけを **A** 方向に回す。

**エ** 調節ねじ **Y** を押さえて、調節ねじ **X** だけを **B** 方向に回す。

**2** 銅球と金属球 **A** 〜 **G** の密度を求めるために、次の実験を行った。　　　　　[2020 愛媛]

**実験** 銅球の質量を測定し、糸で結んだあと、**図1** のように、メスシリンダーに水を50cm³入れ、銅球全体を沈めて、体積を測定した。次に、**A** 〜 **G** についても、それぞれ同じ方法で実験を行い、その結果を **図2** に表した。ただし、**A** 〜 **G** は、4種類の金属のうちのいずれかでできた空洞の無いものであり、それぞれ純物質とする。また、質量や体積は20℃で測定することとし、糸の体積は考えないものとする。

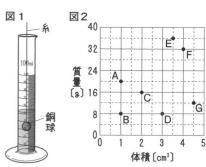

(1) 18gの銅球を用いたとき、実験後のメスシリンダーは **図3** のようになった。銅の密度は何g/cm³か、求めなさい。

(2) 4種類の金属のうち、1つは密度7.9g/cm³の鉄である。**A** 〜 **G** のうち、鉄でできた金属球として、最も適当なものを **A** 〜 **G** からすべて選び、記号で答えなさい。

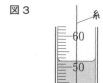

図3

> 図1の液面付近を模式的に表しており、液面のへこんだ面は、真横から水平に見て、目盛りと一致している。

(3) **図4** は、**図2** に2本の直線 $l$、$m$ を引き、I〜IVの4つの領域に分けたものである。I〜IVの各領域にある物質の密度について述べたものとして、最も適当なものを次のア〜エから選び、記号で答えなさい。ただし、I〜IVの各領域に重なりはなく、直線 $l$、$m$ 上はどの領域にもふくまれないものとする。

**ア** 領域 I にあるどの物質の密度も、領域IVにあるどの物質の密度より小さい。

**イ** 領域 II にある物質の密度と領域IVにある物質の密度は、すべて等しい。

**ウ** 領域 III にあるどの物質の密度も、領域IVにあるどの物質の密度より大きい。

**エ** 領域 III にあるどの物質の密度も、領域 I にあるどの物質の密度より小さい。

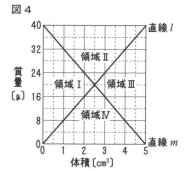

〔図2の点 **A** 〜 **G** は省略している。〕

**3** 右の図の粉末A～Cは、砂糖、食塩、デンプンのいずれかである。これらの粉末を区別するために、それぞれ0.5gを、20℃の水10cm³に入れてかき混ぜたときの変化や、燃焼さじにとってガスバーナーで加熱したときの変化を観察する実験を行った。次の表は、この実験の結果をまとめたものである。粉末A～Cの名称の組み合わせとして最も適当なものを、あとのア～カから選び、記号で答えなさい。

[2022新潟]

粉末A

粉末B　　粉末C

| | 粉末A | 粉末B | 粉末C |
|---|---|---|---|
| 水に入れてかき混ぜたときの変化 | とけた | とけた | とけずに残った |
| ガスバーナーで加熱したときの変化 | 変化が見られなかった | 黒くこげた | 黒くこげた |

ア　A：砂糖　　B：食塩　　C：デンプン　　イ　A：砂糖　　B：デンプン　　C：食塩

ウ　A：食塩　　B：砂糖　　C：デンプン　　エ　A：食塩　　B：デンプン　　C：砂糖

オ　A：デンプン　B：砂糖　　C：食塩　　カ　A：デンプン　B：食塩　　C：砂糖

**4** 気体に関する(1)、(2)の問いに答えなさい。　　　　　　　　　　　　　[2022静岡]

(1)　二酸化マンガンを入れた試験管に過酸化水素水（オキシドール）を加えたときに発生する気体として最も適当なものを、次のア～エから選び、記号で答えなさい。

ア　塩素　　　イ　酸素　　　ウ　アンモニア　　　エ　水素

(2)　図のように、石灰石を入れた試験管Pにうすい塩酸を加えると二酸化炭素が発生する。ガラス管から気体が出始めたところで、試験管Q、Rの順に試験管2本分の気体を集めた。

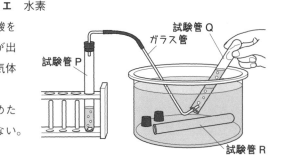

①　試験管Rに集めた気体に比べて、試験管Qに集めた気体は、二酸化炭素の性質を調べる実験には適さない。その理由を、簡単に書きなさい。

②　二酸化炭素は、水上置換法のほかに、下方置換法でも集めることができる。二酸化炭素を集めるとき、下方置換法で集めることができる理由を、密度ということばを用いて、簡単に書きなさい。

**5** アンモニアの気体を集めるために、塩化アンモニウムと物質Aを混合し、図のような装置を使って実験を行った。次の(1)、(2)に答えなさい。

[2020石川]

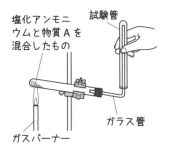

(1)　物質Aはどれか、最も適当なものを次のア～エから選び、記号で答えなさい。

ア　硫黄　　　　　　　イ　塩化ナトリウム

ウ　水酸化カルシウム　　エ　炭素

(2)　アンモニアの気体を集めるためには、図のような集め方が適している。それはなぜか、理由をアンモニアの気体の性質に着目して書きなさい。

## Chapter 10

化学
# 水溶液の性質

## 1 物質のとけ方と濃さ

**① 物質が水にとけるようす**…物質が水にとけると**透明**になり、液の濃さはどの部分も均一になる。また、時間がたっても下のほうが濃くなることはない。

▶ 物質が水にとけるようす

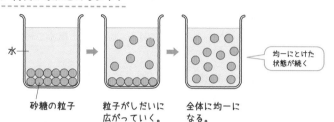

水 ← 砂糖の粒子　粒子がしだいに広がっていく。　全体に均一になる。　均一にとけた状態が続く

> 📖 参考
> 透明な水溶液には、無色だけでなく、硫酸銅水溶液のように色(青色)がついているものもある。

**② 水溶液**

- **溶質**…液体にとけている物質。
- **溶媒**…溶質をとかしている液体。
- **溶液**…溶質が溶媒にとけた液。
  溶媒が水のとき、**水溶液**という。

※溶液の質量は、溶質と溶媒の質量の和に等しい。

> 🖊 発展
> 自然に粒子が広がり散らばっていく現象を拡散という。

溶媒(水)　　溶質(砂糖)

↓

水溶液
(砂糖水)

> ⚠️ 注意
> 物質がとけて見えなくなっても存在しているので、全体の質量は変化しない。

**③ 純粋な物質(純物質)と混合物**

- **純粋な物質(純物質)**…1種類の物質でできているもの。
  例 酸素、水、塩化ナトリウム。

- **混合物**…いくつかの物質が混じり合ったもの。
  例 食塩水、空気、ろう。

> 📖 参考
> 溶質には、固体だけでなく、気体や液体の場合もある。
> ・溶質が気体の水溶液
> 　塩酸(溶質…塩化水素)
> 　炭酸水(溶質…二酸化炭素)
> ・溶質が液体の水溶液
> 　エタノール水溶液
> 　(溶質…エタノール)

**④ 質量パーセント濃度**…溶質の質量が溶液の質量の何%にあたるか表したもの。

> 💡 **絶対おさえる! 質量パーセント濃度の求め方**
>
> ☑ 質量パーセント濃度〔%〕= $\dfrac{溶質の質量〔g〕}{溶液の質量〔g〕} \times 100$
>
> $= \dfrac{溶質の質量〔g〕}{溶質の質量〔g〕+溶媒の質量〔g〕} \times 100$

例1 水80gに砂糖20gをとかした砂糖水の質量パーセント濃度は、

$$\frac{20〔g〕}{20〔g〕+80〔g〕} \times 100 = 20 より、20\%$$

例2 質量パーセント濃度が15%の砂糖水200gにふくまれている砂糖の質量は、

$$200〔g〕 \times \frac{15}{100} = 30 より、30g$$

この砂糖水200gにふくまれている水の質量は、

$$200 - 30 = 170 より、170g$$

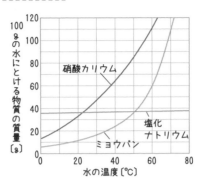

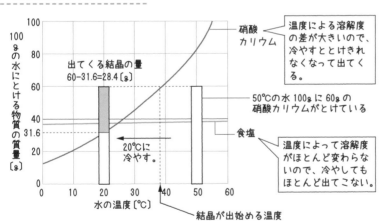

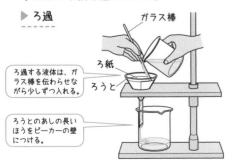

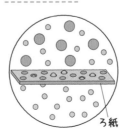

● 「質量パーセント濃度」は分母が溶媒ではなく「溶液」であることに注意！
● 再結晶の計算はグラフの問題が頻出なので練習しておこう！

## 2 溶解度と再結晶

❶ **飽和水溶液**…溶質がそれ以上とけることのできなくなった水溶液。このときの状態を飽和という。

❷ **溶解度**…水 100g に物質をとかして飽和水溶液にしたときの、とけた物質の質量。物質によって決まっていて、水の温度によって変化する。溶解度と温度との関係を表したグラフを溶解度曲線という。

▶ **溶解度曲線**

> **📖 参考**
>
> 溶解度は、固体では、ふつう、水の温度が高くなるほど大きくなる。気体では、ふつう、水の温度が低くなるほど大きくなる。

❸ **再結晶**…固体の物質をいったん水にとかし、**溶解度の差を利用して再び結晶**としてとり出すこと。

・水の温度による溶解度の差が大きい物質…水溶液を**冷やす**。

・水の温度による溶解度の差が小さい物質…水溶液の水を**蒸発させる**。

> **📖 参考**
>
> 物質によって、結晶の形はさまざまである。
>
> 食塩　　ミョウバン
>
> 硫酸銅

▶ **食塩と硝酸カリウムの溶解度**

出てくる結晶の量
60−31.6＝28.4〔g〕

20℃に冷やす。

硝酸カリウム

> 温度による溶解度の差が大きいので、冷やすととけきれなくなって出てくる。

50℃の水 100g に 60g の硝酸カリウムがとけている

食塩

> 温度によって溶解度がほとんど変わらないので、冷やしてもほとんど出てこない。

結晶が出始める温度

❹ **ろ過**…ろ紙などを使って、液体と固体を分ける操作。ろ紙の穴より**小さい粒子**だけがろ紙を通りぬける。

▶ **ろ過**

ガラス棒

ろ過する液体は、ガラス棒を伝わらせながら少しずつ入れる。

ろ紙
ろうと

ろうとのあしの長いほうをビーカーの壁につける。

▶ **ろ過のしくみ**

ろ紙

# 確認問題

| 日付 | ／ | ／ | ／ |
|---|---|---|---|
| ○△✕ | | | |

**1** 20℃の水100gに、塩化ナトリウム35.8gをすべてとかすと、塩化ナトリウムの飽和水溶液ができる。次の
(1)、(2)に答えなさい。　　　　　　　　　　　　　　　　　　　　　　　　　　　　　　　　[2018青森]

(1) 水のように、物質をとかしている液体を何というか、書きなさい。

(2) 塩化ナトリウム53.7gをすべてとかして飽和水溶液をつくるのに必要な20℃の水は何gか、求めなさい。

**2** ろ過の操作として最も適当なものを、右のア～
エから選び、記号で答えなさい。

[2020静岡]

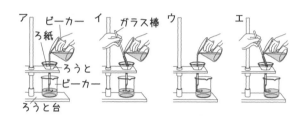

**3** 水溶液の性質に関する実験を行った。右の図は物質Aと物質Bの溶
解度曲線である。　　　　　　　　　　　　　　[2021富山]

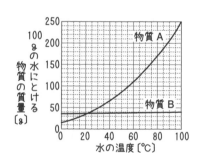

**実験1**

　Ⅰ　60℃の水200gを入れたビーカーに物質Aを300g加えてよく
　　かき混ぜたところ、とけきれずに残った。

　Ⅱ　ビーカーの水溶液を加熱し、温度を80℃まで上げたところ、す
　　べてとけた。

　Ⅲ　さらに水溶液を加熱し、沸騰させ、水をいくらか蒸発させた。

　Ⅳ　水溶液の温度を30℃まで下げ、出てきた固体をろ過でとり出した。

**実験2**

　Ⅴ　新たに用意したビーカーに60℃の水200gを入れ、物質Bをとけるだけ加えて飽和水溶液をつくった。

　Ⅵ　Ⅴの水溶液の温度を20℃まで下げると、物質Bの固体が少し出てきた。

(1) Ⅱで温度を80℃まで上げた水溶液にはあと何gの物質Aをとかすことができるか、図を参考に求めなさい。

(2) Ⅳにおいて、ろ過でとり出した固体は228gだった。Ⅲで蒸発させた水は何gか、求めなさい。ただし、30℃
　　における物質Aの溶解度は48gである。

(3) Ⅳのように、一度とかした物質を再び固体としてとり出すことを何というか、答えなさい。

(4) Ⅴの水溶液の質量パーセント濃度は何%だと考えられるか。60℃における物質Bの溶解度を39gとして、
　　小数第1位を四捨五入して整数で答えなさい。

(5) Ⅵのような温度を下げる方法では、物質Bの固体は少ししか出てこない。その理由を「温度」、「溶解度」とい
　　うことばをすべて使って簡単に書きなさい。

④ 砂糖40gを水160gにとかした砂糖水の質量パーセント濃度は何％か、求めなさい。

[2021 栃木]

⑤ 砂糖、デンプン、塩化ナトリウム、硝酸カリウムの4種類の物質を用いて、水へのとけ方やとける量について調べるために、次の実験1〜4を行った。あとの(1)〜(4)に答えなさい。ただし、水の蒸発は考えないものとする。

[2020 青森]

> 実験1　砂糖とデンプンをそれぞれ1.0gずつはかりとり、20℃の水20.0gが入った2つのビーカーに別々に入れてかき混ぜたところ、ₐ砂糖はすべてとけたが、デンプンを入れた液は全体が白くにごった。デンプンを入れた液をろ過したところ、ᵦろ過した液は透明になり、ろ紙にはデンプンが残った。
>
> 実験2　塩化ナトリウムと硝酸カリウムをそれぞれ50.0gずつはかりとり、20℃の水100.0gが入った2つのビーカーに別々に入れてかき混ぜたところ、どちらも粒がビーカーの底に残り、ₐそれ以上とけきれなくなった。次に、2つの水溶液をあたためて、温度を40℃まで上げてかき混ぜたところ、塩化ナトリウムはとけきれなかったが、ₐ硝酸カリウムはすべてとけた。
>
> 実験3　塩化ナトリウム、硝酸カリウムをそれぞれ ▢ gずつはかりとり、60℃の水200.0gが入った2つのビーカーに別々に入れてかき混ぜたところ、どちらもすべてとけたが、それぞれを冷やして、温度を15℃まで下げると、2つの水溶液のうち1つだけから結晶が出てきた。
>
> 実験4　水に硝酸カリウムを入れて、あたためながら、質量パーセント濃度が30.0％の水溶液300.0gをつくった。この水溶液を冷やして、温度を10℃まで下げたところ、硝酸カリウムの結晶が出てきた。

(1) 下線部aのときのようすを、粒子のモデルで表したものとして最も適当なものを、次のア〜エから選び、記号で答えなさい。ただし、水の粒子は省略しているものとする。

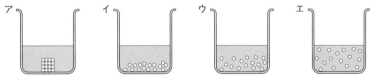

(2) 下線部bのようになるのはなぜか。水の粒子とデンプンの粒子の大きさに着目して、「ろ紙のすきま」という語句を用いて書きなさい。

(3) 下線部cのときの水溶液を何というか、書きなさい。

(4) 右の図は、硝酸カリウムと塩化ナトリウムについて、水の温度と100gの水にとける物質の質量との関係を表したものである。次の①〜③に答えなさい。

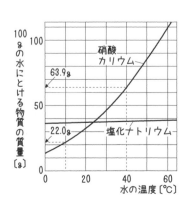

① 下線部dについて、この水溶液を40℃に保った場合、硝酸カリウムをあと何gとかすことができるか、求めなさい。

② 実験3の ▢ に入る数値として最も適当なものを、次のア〜エから選び、記号で答えなさい。

　ア　20.0　　イ　40.0　　ウ　60.0　　エ　80.0

③ 実験4について、出てきた硝酸カリウムの結晶は何gか、求めなさい。

Chapter 11

化学

# 物質のすがたと変化

## 1 物質のすがたの変化

❶ **状態変化**…温度によって、物質の状態が変わること。温度を上げると、**固体**→**液体**→**気体**と変化し、温度を下げると**気体**→**液体**→**固体**と変化する。

▶ 物質の状態変化

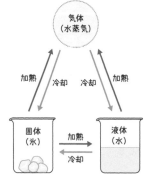

⚠注意

物質の状態が変化しても、別の物質になるわけではない。

📖参考

ドライアイスのように、固体→気体、気体→固体へ状態が変化する物質もある。

❷ **状態変化と体積・質量の変化**

・**状態変化と体積・質量**…物質の状態が変わると**体積**は変化するが、**質量**は変化しない。

> 💡 **絶対おさえる! 状態変化と体積の関係**
>
> ☑ 物質が固体→液体→気体と変化したとき、体積は**大き**くなる。（水は例外）
> ☑ 水は、固体→液体と変化したとき、体積は**小さ**くなる。

・**状態変化と密度**…物質が固体→液体→気体と変化するとき、体積は大きくなるが、質量は変化しないので、**密度は小さくなる。**（水は例外）

❸ **状態変化と粒子の運動**

・**固体**…粒子は規則正しく並び、おだやかに運動していて、決まった形になっている。

・**液体**…固体のときよりも粒子の運動が激しくなり、比較的自由に動いている。容器によって形が変わる。

・**気体**…液体のときよりも粒子の運動がさらに激しくなり、空間を自由に飛び回っている。粒子どうしの間隔が非常に大きい。

📖参考

少量のエタノールを入れたポリエチレンの袋に熱湯をかけると、エタノールが液体から気体に変化して、袋が大きくふくらむ。

▶ 状態変化と粒子の運動のようす

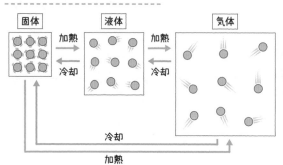

状態変化によって、体積は変化するが、粒子の数は変わらないので、質量は変化しない。

● 水（液体）が氷（固体）に変化するときの体積の変化に注意！
● 混合物の蒸留では、沸点の低い物質が先に出てくることをおさえておこう！

## 2 状態変化と温度の関係

❶ **融点と沸点**…純粋な物質では、物質によって決まっている。

・**融点**…固体がとけて液体に変化するときの温度。
・**沸点**…液体が沸騰して気体に変化するときの温度。

▶ 氷を加熱したときの状態変化と温度

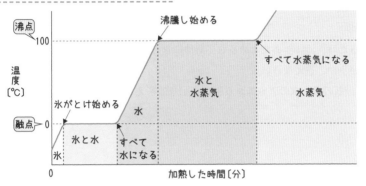

❷ **蒸留**…液体を沸騰させて、出てくる気体を冷やして再び液体としてとり出すこと。混合物を**沸点のちがい**により分離することができる。

・**水とエタノールの混合物の分離**…エタノールは水より**沸点が低い**ため、混合物を沸騰させると、はじめに出てくる気体には**エタノール**が多くふくまれている。さらに加熱を続けると、出てくる気体は水蒸気を多くふくむようになる。

▶ 水とエタノールの混合物の分離

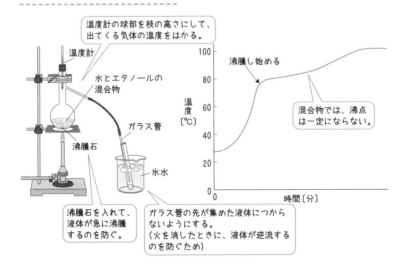

📖参考 純粋な物質は、状態が変化している間、加熱しても温度は上がらない。

📖参考 純粋な物質の融点や沸点は、物質の量が変化しても変化しない。

📖参考 エタノールの沸点…78℃ 水の沸点…100℃

⚠注意 はじめに出てくる気体には、エタノールだけでなく、少量の水蒸気もふくまれている。

📖参考 エタノールの性質
・無色透明である。
・においがある。
・引火しやすい。

📖参考 石油（原油）を蒸留することによって、沸点の異なるガソリンや灯油、軽油、重油などを分けてとり出している。

**確 認 問 題**

| 日付 | ／ | ／ | ／ |
|---|---|---|---|
| ○△× | | | |

**1** 次の表は、水銀、塩化ナトリウム、水、エタノールの4種類の物質の融点と沸点を示したものである。このことについて、下の(1)～(3)の問いに答えなさい。
[2021 高知]

| | 水銀 | 塩化ナトリウム | 水 | エタノール |
|---|---|---|---|---|
| 融点〔℃〕 | − 39 | 801 | 0 | − 115 |
| 沸点〔℃〕 | 357 | 1413 | 100 | 78 |

(1) 液体が冷やされて固体になったり、液体があたためられて気体になったりするように、物質が温度によってすがたを変えることを何というか、答えなさい。

(2) 温度が20℃のとき液体でないものを、次の**ア～エ**から選び、記号で答えなさい。

**ア** 水銀

**イ** 塩化ナトリウム

**ウ** 水

**エ** エタノール

(3) ポリエチレンの袋に少量の液体のエタノールを入れ、袋の中の空気をぬいた後、密閉した。これに熱湯をかけると、袋は大きくふくらみ、袋の中の液体のエタノールは見えなくなった。このことについて述べた文として最も適当なものを、次の**ア～エ**から選び、記号で答えなさい。

**ア** エタノールの粒子の大きさが、熱によって大きくなり、質量が増加した。

**イ** エタノールの粒子の数が、熱によって増加し、粒子と粒子の間が小さくなった。

**ウ** エタノールの粒子の運動が、熱によって激しくなり、粒子と粒子の間が広がった。

**エ** エタノールの粒子が、熱によって二酸化炭素と水蒸気に変化した。

**2** 固体の物質X2gを試験管に入れておだやかに加熱し、物質Xの温度を1分ごとに測定した。図は、その結果を表したグラフである。ただし、温度が一定であった時間の長さを $t$、そのときの温度を $T$ と表す。
[2021 愛媛]

(1) すべての物質**X**が、ちょうどとけ終わったのは、加熱時間がおよそ何分のときか。最も適当なものを、次の**ア～エ**から選び、記号で答えなさい。

**ア** 3分　　**イ** 6分　　**ウ** 9分　　**エ** 12分

(2) 実験の物質**X**の質量を2倍にして、実験と同じ火力で加熱したとき、時間の長さ $t$ と温度 $T$ はそれぞれ、実験と比べてどうなるか。最も適当なものを、次の**ア～エ**から選び、記号で答えなさい。

**ア** 時間の長さ $t$ は長くなり、温度 $T$ は高くなる。

**イ** 時間の長さ $t$ は長くなり、温度 $T$ は変わらない。

**ウ** 時間の長さ $t$ は変わらず、温度 $T$ は高くなる。

**エ** 時間の長さ $t$ も、温度 $T$ も変わらない。

(3) 表は、物質A～Cの融点と沸点を表したものである。物質A～Cのうち、1気圧において、60℃のとき液体であるものを1つ選び、A～Cの記号で答えなさい。また、その物質が、60℃のとき液体であると判断できる理由を、融点、沸点との関係にふれながら、「選んだ物質では、物質の温度（60℃）が」という書き出しに続けて、簡単に答えなさい。

| | 融点〔℃〕 | 沸点〔℃〕 |
|---|---|---|
| 物質A | −115 | 78 |
| 物質B | −95 | 56 |
| 物質C | 81 | 218 |

〔1気圧における融点、沸点〕

3 水とエタノールの混合物の分離について調べるために、次の実験Ⅰ、Ⅱ、Ⅲを順に行った。

[2019 栃木]

Ⅰ　図1のような装置を組み立て、枝付きフラスコに水30cm³とエタノール10cm³の混合物と、数粒の沸騰石を入れ、ガスバーナーを用いて弱火で加熱した。

Ⅱ　枝付きフラスコ内の温度を1分ごとに測定しながら、出てくる気体を冷やし、液体にして試験管に集めた。その際、加熱を開始してから3分ごとに試験管を交換し、順に試験管A、B、C、D、Eとした。図2は、このときの温度変化のようすを示したものである。

Ⅲ　実験Ⅱで各試験管に集めた液体をそれぞれ別の蒸発皿に移し、青色の塩化コバルト紙をつけると、いずれも赤色に変化した。さらに、蒸発皿に移した液体にマッチの火を近づけて、そのときのようすを観察した。下の表は、その結果をまとめたものである。

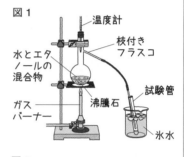

図1

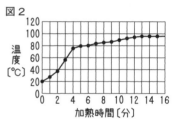

図2

| | 液体に火を近づけたときのようす |
|---|---|
| 試験管A | 火がついた。 |
| 試験管B | 火がついて、しばらく燃えた。 |
| 試験管C | 火がついたが、すぐに消えた。 |
| 試験管D | 火がつかなかった。 |
| 試験管E | 火がつかなかった。 |

(1) 実験Ⅰにおいて、沸騰石を入れる理由を簡潔に書きなさい。

(2) 実験Ⅱにおいて、沸騰が始まったのは、加熱を開始してから何分後か。最も適当なものを、次のア～エから選び、記号で答えなさい。

ア　2分後　　イ　4分後　　ウ　8分後　　エ　12分後

(3) 実験Ⅱ、Ⅲにおいて、試験管B、Dに集めた液体の成分について、正しいことを述べている文はどれか。最も適当なものを、次のア～エからそれぞれ選び、記号で答えなさい。

ア　純粋なエタノールである。

イ　純粋な水である。

ウ　大部分がエタノールで、少量の水がふくまれている。

エ　大部分が水で、少量のエタノールがふくまれている。

# 12 いろいろな化学変化①
化学

## 1 化学変化と分解

❶ **化学変化（化学反応）**…もとの物質とは異なる別の物質ができる変化。

❷ **分解**…1種類の物質が2種類以上の物質に分かれる化学変化。

❸ **熱分解**…加熱によって起こる分解。

例 炭酸水素ナトリウムの熱分解

炭酸水素ナトリウム

→炭酸ナトリウム＋水＋二酸化炭素

・炭酸水素ナトリウムと炭酸ナトリウムの比較

| | 炭酸水素ナトリウム | 炭酸ナトリウム |
|---|---|---|
| 水へのとけ方 | 少しとける | よくとける |
| 水溶液にフェノールフタレイン溶液を加えたときの変化 | うすい赤色（弱いアルカリ性） | 濃い赤色（強いアルカリ性） |

・水…青色の塩化コバルト紙を赤色に変える。

・二酸化炭素…石灰水を白くにごらせる。

例 酸化銀の熱分解　酸化銀→銀＋酸素

❹ **電気分解**…電気を流すことによって起こる分解。

例 水の電気分解　水→水素＋酸素

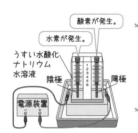

・**陰極⇒水素**が発生…マッチの火を近づけると音を立てて気体が燃える。

・**陽極⇒酸素**が発生…火のついた線香を入れると線香が激しく燃える。

## 2 物質の成り立ち

❶ **原子と分子**

・**原子**…物質をつくっている最小の粒子。

💡 **絶対おさえる！ 原子の性質**

☑ 化学変化によって、**それ以上分けることができない。**

☑ 化学変化によって、**新しくできたり、なくなったり、ほかの種類の原子に変わったりしない。**

☑ 種類によって、**質量や大きさが決まっている。**

・**元素**…物質をつくっている原子の種類。

・**分子**…いくつかの原子が結びついてできた粒子。物質の性質をもつ最小の粒子である。物質には、分子をつくるものとつくらないものがある。

❷ **単体と化合物**

・**単体**…1種類の元素からできている物質。例 酸素、水素、銅、炭素。

・**化合物**…2種類以上の元素からできている物質。

　例 水、二酸化炭素、アンモニア、酸化銅、酸化マグネシウム。

⚠ 注意

炭酸水素ナトリウムの熱分解の実験の注意点

・加熱する試験管の口は少し下げる。

→生じた水が加熱部分に流れこみ、試験管が割れるのを防ぐため。

・火を消す前にガラス管を水槽の水から出す。

→水槽の水が逆流して加熱した試験管が割れるのを防ぐため。

📖 参考

純粋な水は電気が流れにくいので、水の電気分解では、少量の水酸化ナトリウムをとかした水を用いる。

📖 参考

水の電気分解では、水素と酸素の体積の比は2：1である。

📖 参考

原子の構造→p64

📖 参考

原子説はドルトンが、分子説はアボガドロが発表した。

⚠ 注意

物質には、分子をつくるものとつくらないものがある。

・分子をつくる単体→酸素、水素、窒素など。

・分子をつくらない単体→銅、マグネシウム、炭素など。

・分子をつくる化合物→水、二酸化炭素など。

・分子をつくらない化合物→酸化銅、酸化マグネシウムなど。

合格への
ヒント

● 水の電気分解では陰極と陽極でそれぞれ何が発生するかに注意！
● 元素名と元素記号は代表的なものは必ず覚えておこう！

## 3　物質の表し方

❶ **元素記号**…元素を表すために、その種類ごとにつけた記号。アルファベット1文字または2文字で表す。

❷ **周期表**…元素を原子番号の順に並べた表。周期表では、縦の列に化学的性質のよく似た元素が並んでいる。

❸ **化学式**…物質を元素記号と数字を使って表したもの。

| 元素 | 元素記号 |
|---|---|
| 水素 | H |
| 炭素 | C |
| 窒素 | N |
| 酸素 | O |
| 硫黄 | S |
| ナトリウム | Na |
| マグネシウム | Mg |
| 鉄 | Fe |
| 銅 | Cu |

> 📖 参考
> 原子番号は、原子の構造にもとづいてつけられた番号である。

・分子の化学式

　例 水素：$H_2$（水素原子が2個結びついている。）

　例 水：$H_2O$（水素原子2個と酸素原子1個が結びついている。）

・分子をつくらない物質の化学式

　例 銅：$Cu$、炭素：$C$（銅などの金属や炭素は1種類の元素の原子が多数集まってできていて、原子1つを代表させて、元素記号で表す。）

　例 塩化ナトリウム：$NaCl$（ナトリウム原子：塩素原子＝1：1の割合で結びついている。）

　例 酸化銀：$Ag_2O$（銀原子：酸素原子＝2：1の割合で結びついている。）

❹ **化学反応式**…化学変化を化学式を使って表したもの。

> 💡 **絶対おさえる！　化学反応式のつくり方**（例 水の電気分解）
>
> **1** 「→」の左側に反応前の物質を、右側に反応後の物質を書く。
> 　水→水素＋酸素
> **2** それぞれの物質を化学式で表す。
> 　$H_2O \rightarrow H_2 + O_2$
> **3** 「→」の左側と右側で原子の種類と数が等しくなるようにする。
> 　$2H_2O \rightarrow 2H_2 + O_2$

> 📖 参考
> 化学反応式の例
> ・炭酸水素ナトリウムの熱分解
> 　$2NaHCO_3 \rightarrow Na_2CO_3 + CO_2 + H_2O$
> ・酸化銀の熱分解
> 　$2Ag_2O \rightarrow 4Ag + O_2$

## 4　物質どうしが結びつく化学変化

❶ **物質どうしが結びつく化学変化**…2種類以上の物質が結びついてできた物質。

　例 **鉄と硫黄が結びつく化学変化　鉄＋硫黄→硫化鉄**　（$Fe + S \rightarrow FeS$）

・鉄と硫黄の混合物を加熱すると、熱や光を出して激しく反応し、加熱をやめても反応が進む。

・加熱前の物質と加熱後の物質の比較

| | 加熱前の物質<br>（鉄と硫黄の混合物） | 加熱後の物質<br>（硫化鉄） |
|---|---|---|
| 磁石を近づける | 引きつけられる。 | 引きつけられない。 |
| うすい塩酸を加える | 水素が発生する。 | 硫化水素が発生する。 |

鉄粉と硫黄の粉末の混合物

> 📖 参考
> 硫化水素は、卵の腐ったにおい（腐卵臭）のする有毒な気体である。

# 確 認 問 題

| 日付 | ／ | ／ | ／ |
|---|---|---|---|
| ○△× | | | |

**1** 炭酸水素ナトリウムを加熱したときの化学変化について調べるために、次の $\boxed{\text{I}}$〜$\boxed{\text{III}}$ の手順で実験を行った。この実験に関して、あとの(1)〜(3)の問いに答えなさい。

[2021新潟]

$\boxed{\text{I}}$　右の図のように、炭酸水素ナトリウムの粉末を乾いた試験管**A**に入れて加熱し、発生する気体を試験管**B**に導いた。しばらくすると、試験管**B**に気体が集まり、その後、気体が出なくなってから、加熱をやめた。試験管**A**の底には白い粉末が残り、口のほうには液体が見られた。この液体に塩化コバルト紙をつけたところ、塩化コバルト紙の色が変化した。

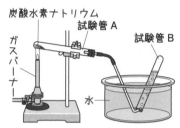

$\boxed{\text{II}}$　$\boxed{\text{I}}$ で加熱後の試験管**A**に残った白い粉末をとり出し、水溶液をつくった。また、炭酸水素ナトリウムの水溶液を用意し、それぞれの水溶液に、フェノールフタレイン溶液を加えると、白い粉末の水溶液は赤色に、炭酸水素ナトリウムの水溶液はうすい赤色に変わった。

$\boxed{\text{III}}$　$\boxed{\text{I}}$ で試験管**B**に集めた気体に、水でしめらせた青色リトマス紙をふれさせたところ、赤色に変わった。

(1)　$\boxed{\text{I}}$ について、下線部分の色の変化として、最も適当なものを、次の**ア**〜**エ**から選び、記号で答えなさい。

**ア** 青色から桃色　　**イ** 桃色から青色　　**ウ** 青色から黄色　　**エ** 黄色から青色

(2)　$\boxed{\text{II}}$ について、$\boxed{\text{I}}$ で加熱後の試験管**A**に残った白い粉末の水溶液の性質と、炭酸水素ナトリウムの水溶液の性質を述べた文として、最も適当なものを、次の**ア**〜**エ**から選び、記号で答えなさい。

**ア** どちらも酸性であるが、白い粉末の水溶液のほうが酸性が強い。

**イ** どちらも酸性であるが、炭酸水素ナトリウムの水溶液のほうが酸性が強い。

**ウ** どちらもアルカリ性であるが、白い粉末の水溶液のほうがアルカリ性が強い。

**エ** どちらもアルカリ性であるが、炭酸水素ナトリウムの水溶液のほうがアルカリ性が強い。

(3)　$\boxed{\text{III}}$ について、試験管**B**に集めた気体の性質を、書きなさい。

**2** 右の図の装置を用いて、酸化銀を加熱して発生した気体を集めた。集めた気体に火のついた線香を入れると、線香が炎を上げて燃えた。加熱した試験管が冷めてから、中に残った白い物質をとり出した。次の(1)、(2)の問いに答えなさい。

[2020青森]

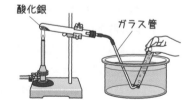

(1)　白い物質の性質について述べたものとして最も適当なものを、次の**ア**〜**エ**から選び、記号で答えなさい。

**ア** 電気を通しやすい。　　**イ** 水にとけやすい。

**ウ** 燃えやすい。　　**エ** 水より密度が小さい。

(2)　酸化銀の変化のようすを表した右の化学反応式を完成させなさい。

$$2Ag_2O \rightarrow \boxed{\phantom{aaa}} + \boxed{\phantom{aaa}}$$

**3** まことさんは、夏休みに家族旅行で温泉地を訪れた。そこでは、温泉たまごが売られており、その殻が黒色だということがまことさんは気になっていたので、旅行から帰ってインターネットで調べると、その温泉たまごの殻の黒色には鉄と硫黄が関係していることがわかった。そこで、自由研究として鉄と硫黄との反応について調べてみようと思い、学校で所属している科学クラブで、担当の先生のアドバイスを受けながら次の実験Ⅰ〜Ⅲを行った。このことについて、あとの(1)〜(4)の問いに答えなさい。 [2018高知]

**実験Ⅰ** 鉄粉7.0gと硫黄4.0gを乳鉢でよく混ぜ合わせ、試験管A、Bに分けて入れた。**図1**のように試験管Aの口を脱脂綿で閉じたあと、混合物の上部を加熱した。試験管Aの混合物の上部が赤くなったところで加熱を止め、①その後のようすを観察した。

**実験Ⅱ** 実験Ⅰで加熱した試験管Aが十分に冷えたあと、**図2**のように試験管Aに棒磁石を近づけて、試験管Aの中の物質が棒磁石に引きつけられるかを調べた。実験Ⅰで加熱しなかった試験管Bについても棒磁石を近づけて同じように調べた。

**実験Ⅲ** 実験Ⅱのあと、試験管Aの中の物質の一部を試験管Cに少量とり、**図3**のようにうすい塩酸を加えて、②発生する気体についてにおいを調べた。試験管Bの中の物質についても、試験管Dに少量とり、同じ操作を行った。

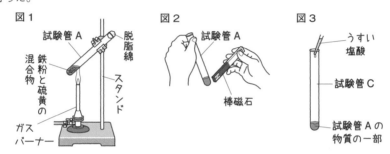

図1 試験管A 脱脂綿 鉄粉と硫黄の混合物 スタンド ガスバーナー

図2 試験管A 棒磁石

図3 うすい塩酸 試験管C 試験管Aの物質の一部

(1) **実験Ⅰ**の下線部①で、観察されたようすについて述べた文として最も適当なものを、次の**ア〜エ**から選び、記号で答えなさい。

　**ア** 加熱を止めても化学反応が進み、赤い部分は全体に広がった。

　**イ** 加熱を止めても化学反応が進み、物質全体が金属光沢をもち始めた。

　**ウ** 加熱を止めると、赤くなっていた部分がすぐに加熱前の状態にもどった。

　**エ** 加熱を止めると、赤くなっていた部分がすぐに白色に変化した。

(2) **実験Ⅱ**において、試験管Aの中の物質は棒磁石に引きつけられず、試験管Bの中の物質は棒磁石に引きつけられた。試験管Aの中の物質が棒磁石に引きつけられなかった理由を、試験管の中の物質の性質をもとに、書きなさい。

(3) **実験Ⅲ**の下線部②において、気体のにおいを確認するとき、保護めがねの着用や十分な換気を行う必要がある。これ以外に、気体のにおいを確認するときの動作について、どのようにすればよいか。簡潔に書きなさい。

(4) **実験Ⅰ**の試験管Aの中で起きた化学変化を、化学反応式でかきなさい。

**4** 次の文の ☐ にあてはまる語句を書きなさい。 [2021北海道]

　二酸化炭素のように、原子がいくつか結びついた粒子で、物質としての性質を示す最小単位の粒子を ☐ という。

# Chapter 13 （化学） いろいろな化学変化②

## 1 物質が酸素と結びつく化学変化

❶ **酸化**…物質が酸素と結びつくこと。酸化によってできた化合物を酸化物という。 　 物質 ＋ 酸素 → 酸化物

❷ **燃焼**…物質が熱や光を出しながら激しく酸素と結びつくこと。

❸ **金属が酸素と結びつく化学変化**

　 例 鉄の酸化　鉄＋酸素→酸化鉄

　　スチールウール（鉄）を加熱すると、スチールウールが熱や光を出しながら激しく酸化され（燃焼）、酸化鉄ができる。鉄と酸化鉄は異なる性質をもつ別の物質である。

> 📖 **参考**
> 鉄くぎのさびは、鉄が空気中の酸素とゆっくり結びついてできたものである。

　　・加熱前の物質と加熱後の物質の比較（ひかく）

| | 加熱前の物質（スチールウール） | 加熱後の物質（酸化鉄） |
|---|---|---|
| 電流を流す | 流れやすい。 | 流れにくい。 |
| うすい塩酸を加える | 水素が発生する。 | 気体は発生しない。 |
| 色や手ざわり | 銀色で金属光沢がある。 | 黒色でもろい。 |

　 例 **マグネシウムの酸化**

　　**マグネシウム＋酸素→酸化マグネシウム**

　　$(2Mg + O_2 → 2MgO)$

　　マグネシウムを加熱すると、マグネシウムが熱や光を出しながら激しく酸化され（燃焼）、酸化マグネシウムができる。

マグネシウム

　 例 銅の酸化　銅＋酸素→酸化銅　$(2Cu + O_2 → 2CuO)$

　　銅を加熱すると、銅がおだやかに酸化され、酸化銅ができる。

> 📖 **参考**
> 銅の酸化では、熱や光を出さずおだやかに反応する。

❹ **金属以外の物質が酸素と結びつく化学変化**

　 例 炭素の酸化　炭素＋酸素→二酸化炭素　$(C + O_2 → CO_2)$

　　木や木炭を加熱すると、炭素が酸化され、二酸化炭素が発生する。

　 例 **水素の酸化**

　　**水素＋酸素→水**

　　$(2H_2 + O_2 → 2H_2O)$

　　水素と酸素の混合気体に点火すると、激しく反応して水ができる。

　 例 有機物の酸化

　　**有機物＋酸素→二酸化炭素＋水**

　　ろうやエタノールなどの有機物を燃焼させると、有機物にふくまれている炭素や水素が酸化されて、二酸化炭素と水ができる。

> 📖 **参考**
> 金属が酸素と結びつく化学変化では、加熱後の物質の質量は、加熱前の物質の質量より大きくなるが、炭素が酸素と結びつく化学変化では、加熱後の物質の質量は、加熱前の物質の質量より小さくなる。

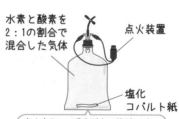

水素と酸素を2：1の割合で混合した気体

点火装置

塩化コバルト紙

点火すると一瞬炎が出て袋がしぼみ、中がくもる。青色の塩化コバルト紙は赤色に変化する。

● 酸素と結びつく反応が「酸化」、酸素がうばわれる反応が「還元」！
● 還元と酸化は同時に起こることに注意しよう！

## 2 酸化物から酸素をうばう化学変化

❶ 還元(かんげん)…酸化物から酸素をうばう化学変化。還元は酸化と同時に起こる。

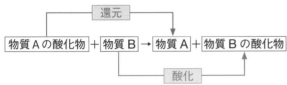

> 📖 参考
>
> 物質Bは物質Aより酸素と結びつきやすい。

㊟ 酸化銅の炭素による還元

**酸化銅＋炭素→銅＋二酸化炭素**

（$2CuO + C → 2Cu + CO_2$）

酸化銅と炭素の粉末の混合物を試験管に入れて加熱すると、試験管の中に銅が残り、二酸化炭素が発生する。

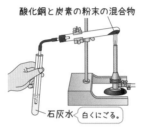

酸化銅と炭素の粉末の混合物

石灰水 — 白くにごる。

> 💡 **絶対おさえる！ 酸化銅の炭素による還元**
>
> ☑ 酸化銅は還元されて、銅に変化する。
> ☑ 炭素は酸化されて、二酸化炭素に変化する。
>
> 還元と酸化は
> 同時に起こる！

㊟ 酸化銅の水素による還元

**酸化銅＋水素→銅＋水**　（$CuO + H_2 → Cu + H_2O$）

酸化銅を加熱して、水素を入れた試験管に入れると、酸化銅は銅に変化し、試験管に水滴(すいてき)が生じる。

・酸化銅は還元されて、銅に変化する。
・水素は酸化されて、水に変化する。

還元と酸化は
同時に起こる！

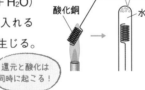

水滴がつく。

酸化銅

水素

> 📖 参考
>
> 炭素や水素のほかにも、エタノールや砂糖、デンプン、ブドウ糖などでも酸化銅を還元することができる。これらの物質は、銅よりも酸素と結びつきやすい物質である。

## 3 熱の出入りをともなう化学変化

❶ **発熱反応**…化学変化が起こるとき、熱を放出するため、**まわりの温度が上がる**反応。

㊟ **鉄粉の酸化（化学かいろ）**

鉄粉と活性炭の混合物に食塩水を数滴たらしてガラス棒でよくかき混ぜると、鉄が酸化されて、温度が上がる。

> 📖 参考
>
> 食塩水は、反応を起こりやすくするために入れる。

❷ **吸熱反応**…化学変化が起こるとき、熱を吸収するため、**まわりの温度が下がる**反応。

㊟ **アンモニアの発生**

塩化アンモニウムと水酸化バリウムを混ぜ合わせると、アンモニアが発生して、温度が下がる。

> 📖 参考
>
> 実験で発生するアンモニアは有毒なので、水でぬらしたろ紙に吸収させる。

# 確認問題

| 日付 | / | / | / |
|---|---|---|---|
| ○△× | | | |

**1** 青色の塩化コバルト紙を入れたポリエチレンの袋に水素と酸素を入れ、この混合気体に点火すると、水素と酸素が激しく反応し、塩化コバルト紙が赤色に変化した。次の(1)、(2) の問いに答えなさい。　　　[2019徳島]

(1) このときにできた物質は何か、物質名を答えなさい。

(2) このときの化学変化をモデルで表したものとして正しいものはどれか、最も適当なものを次の**ア～エ**から選び、記号で答えなさい。ただし、○は水素原子、●は酸素原子を表している。

**2** 化学変化と熱の関係について調べるために実験を行った。あとの(1)、(2)の問いに答えなさい。　　　[2018佐賀]

---

【実験】

① 図1のように、試験管に塩化アンモニウム 1g と水酸化バリウム 3g を順に入れ、そこに少量の水を加えた。

② ①のあと、図2のように、フェノールフタレイン溶液をしみこませた脱脂綿ですばやくふたをし、温度計を見たところ、温度が下がった。

③ 図2のフェノールフタレイン溶液をしみこませた脱脂綿のようすを観察したところ、赤くなった。

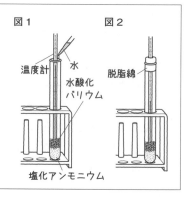

---

(1) 【実験】の③で、脱脂綿が赤くなったことから、試験管内で起きた化学反応により発生した気体は、水にとけるとある性質を示すことがわかる。この性質を書きなさい。また、発生した気体の名称を答えなさい。

(2) 次の文は、【実験】の②で温度が下がったことについてまとめたものである。文中の（　**a**　）、（　**b**　）にあてはまる語句の組み合わせとして最も適当なものを、次の**ア～エ**から選び、記号で答えなさい。

　この化学変化は、反応にともなって（　**a**　）する化学変化であるため、試験管内の温度が下がった。このような化学変化を（　**b**　）反応という。

| | a | b |
|---|---|---|
| **ア** | 熱を周囲に放出 | 発熱 |
| **イ** | 熱を周囲に放出 | 吸熱 |
| **ウ** | 周囲の熱を吸収 | 発熱 |
| **エ** | 周囲の熱を吸収 | 吸熱 |

**3** 次の実験について、あとの(1)～(3)の問いに答えなさい。

［2021 愛媛］

【実験】 黒色の酸化銅と炭素の粉末をよく混ぜ合わせた。これを
図のように、試験管Pに入れて加熱すると、気体が発生して、試
験管Qの液体Yが白くにごり、試験管Pの中に<u>赤色の物質</u>がで
きた。試験管Pが冷めてから、この赤色の物質をとり出し、性
質を調べた。

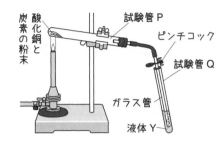

(1) 次の文の①、②の｛ ｝の中から、それぞれ適当なものを選び、
記号で答えなさい。

下線部の赤色の物質を薬さじでこすると、金属光沢が見られた。また、赤色の物質には、
①｛ア 磁石につく　　　イ 電気をよく通す｝という性質も見られた。これらのことから、赤色の物質は、
酸化銅が炭素により②｛ウ 酸化　　　エ 還元｝されてできた銅であると確認できた。

(2) 液体Yが白くにごったことから、発生した気体は二酸化炭素であるとわかった。液体Yとして最も適当な
ものを、次のア～エから選び、記号で答えなさい。

　ア 食酢　　　イ オキシドール　　　ウ 石灰水　　　エ エタノール

(3) 酸化銅と炭素が反応して銅と二酸化炭素ができる化学変化を、化学反応式で表すとどうなるか。次の化学
反応式の下線部を完成させなさい。

　　$2CuO + C \rightarrow$ ＿＿＿＿＿＿＿＿＿

**4** 銅を用いて、次の実験を行った。これについて、あとの(1)～(3)の問いに答えなさい。

［2018 福島］

【実験】

Ⅰ　**図1**のように、試験管に水素ボンベのノズルを入れて水素
　をふきこんだ。

Ⅱ　**図2**のように、ガスバーナーで銅線を熱したところ、表面
　が黒く変化した。

Ⅲ　**図3**のように、Ⅰの試験管にⅡの表面が黒く変化した銅線
　を冷めないうちに入れたところ、銅線は赤色に変化し、試験
　管の内側に<u>液体がついた。</u>

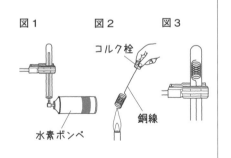

(1) 【実験】のⅢについて、ここで起きた変化は右のように表すこと
ができる。この変化で、酸化された物質はどれか。最も適当なも
のを、次のア～エから選び、記号で答えなさい。

| 酸化銅 ＋ 水素 → 銅 ＋ 水 |
| --- |

　ア 酸化銅　　　イ 水素　　　ウ 銅　　　エ 水

(2) 下線部について、試験管の内側についた液体が水であることを確かめるために用いるものは何か。最も適
当なものを、次のア～エから選び、記号で答えなさい。

　ア 石灰水　　　イ リトマス紙　　　ウ BTB溶液　　　エ 塩化コバルト紙

(3) 酸化物がほかの物質によって酸素をうばわれる化学変化を何というか。答えなさい。

## 1 化学変化の前後での物質の質量

### ❶ 質量保存の法則

> 💡 **絶対おさえる！ 質量保存の法則**
>
> ☑ 化学変化の前後で物質全体の質量は変化しない。これを**質量保存の法則**という。

・質量保存の法則が成り立つ理由…化学変化の前後で、物質をつくる原子の組み合わせは変化するが、**物質の原子の種類と数は変化しない**から。

📖 参考

質量保存の法則は、化学変化だけでなく、状態変化など物質の変化すべてで成り立つ。

### ❷ 沈殿が生じる反応

例 うすい硫酸とうすい水酸化バリウム水溶液の反応

**硫酸＋水酸化バリウム→硫酸バリウム＋水**

・硫酸バリウムの沈殿が生じる。
・化学変化の前後で物質全体の質量は変わらない。

📖 参考

うすい硫酸とうすい水酸化バリウム水溶液の反応を化学反応式で表すと、
$H_2SO_4 + Ba(OH)_2 \rightarrow BaSO_4 + 2H_2O$
となる。

### ❸ 気体が発生する反応

例 炭酸水素ナトリウムとうすい塩酸の反応

**炭酸水素ナトリウム＋塩酸→塩化ナトリウム＋水＋二酸化炭素**

・二酸化炭素が発生する。
・化学変化の前後で物質全体の質量は変わらない。
・**ふたを開ける**
  ➡ 発生した二酸化炭素が空気中に出ていくので、質量は小さくなる。

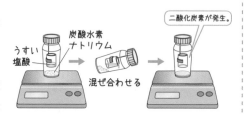

📖 参考

炭酸水素ナトリウムとうすい塩酸の反応を化学反応式で表すと、
$NaHCO_3 + HCl \rightarrow NaCl + H_2O + CO_2$
となる。

### ❹ 金属が酸素と結びつく反応

例 銅と酸素の反応

**銅＋酸素→酸化銅**

・酸化銅ができる。
・化学変化の前後で物質全体の質量は変わらない。
・**ピンチコックを開く**
  ➡ 丸底フラスコの中に空気が入ってくるので、質量は大きくなる。

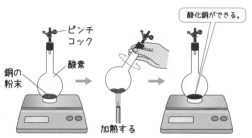

📖 参考

銅と酸素の反応を化学反応式で表すと、
$2Cu + O_2 \rightarrow 2CuO$
となる。

合格へのヒント

- 金属の酸化の計算問題は、比例式a:b＝c:dを活用しよう！
- 銅やマグネシウムの酸化前後の質量比は、覚えてしまおう！

## 2 化学変化と物質の質量の割合

**❶ 金属を加熱したときの酸化物の質量**…結びついた
酸素の質量の分だけ増加する。

　➡ 結びついた酸素の質量＝酸化物の質量－金属の質量

**❷ 化学変化における物質の質量の割合**

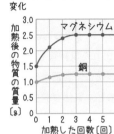

金属を加熱した回数と質量変化

💡 絶対おさえる！　化学変化における物質
　　　　　　　　　の質量の割合

☑ 化学変化に関係する物質の質量の比はつねに一定
　である。

例 銅の酸化

銅＋酸素→酸化銅　（2Cu ＋ O₂ → 2CuO）

▶ 銅の質量と酸化銅の質量との関係

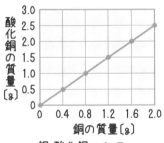

銅:酸化銅＝4:5

▶ 銅の質量と酸素の質量との関係

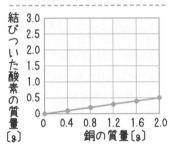

銅:酸素＝4:1

参考

酸化物の質量は、加熱した金属の質量に比例する。
結びついた酸素の質量は、加熱した金属の質量に比例する。

例 マグネシウムの酸化

マグネシウム＋酸素→酸化マグネシウム　（2Mg ＋ O₂ → 2MgO）

▶ マグネシウムの質量と酸化
　マグネシウムの質量との関係

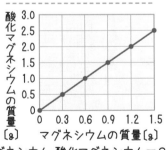

マグネシウム:酸化マグネシウム＝3:5

▶ マグネシウムの質量と
　酸素の質量との関係

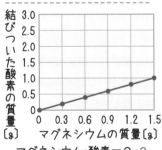

マグネシウム:酸素＝3:2

# 確認問題

| 日付 | ／ | ／ | ／ |
|---|---|---|---|
| ○△× | | | |

**1** 次の実験1、2を行った。(1)～(7)の問いに答えなさい。

[2022岐阜]

〔実験1〕 図1のように、プラスチックの容器に、炭酸水素ナトリウム1.50g
と、うすい塩酸5.0cm³を入れた試験管を入れ、ふたをしっかり閉めて容
器全体の質量をはかった。次に、容器を傾けて、炭酸水素ナトリウムと
うすい塩酸を混ぜ合わせると、気体が発生した。気体が発生しなくなっ
てから、容器全体の質量をはかると、<u>混ぜ合わせる前と変わらなかった。</u>

〔実験2〕 図2のように、ステンレス皿に銅の粉末0.60gを入れ、質量が
変化しなくなるまで十分に加熱したところ、黒色の酸化銅が0.75gでき
た。銅の粉末の質量を、0.80g、1.00g、1.20g、1.40gと変えて同じ実
験を行った。表は、その結果をまとめたものである。

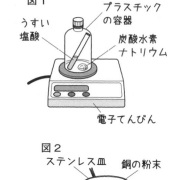

図1

うすい塩酸
プラスチックの容器
炭酸水素ナトリウム
電子てんびん

| 銅の粉末の質量〔g〕 | 0.60 | 0.80 | 1.00 | 1.20 | 1.40 |
|---|---|---|---|---|---|
| 酸化銅の質量〔g〕 | 0.75 | 1.00 | 1.25 | 1.50 | 1.75 |

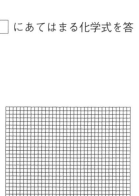

図2
ステンレス皿　銅の粉末

(1) 〔実験1〕で、発生した気体は何か、ことばで答えなさい。

(2) 〔実験1〕の下線部の結果から、化学変化の前と後では、物質全体の質量が変
わらないということがわかった。この法則を何というか、ことばで答えなさい。

(3) 〔実験1〕の化学変化を化学反応式で表すと、次のようになる。それぞれの ◻ にあてはまる化学式を答
え、化学反応式を完成させなさい。

$NaHCO_3$ ＋ $HCl$ → ◻ ＋ ◻ ＋ ◻
炭酸水素ナトリウム　塩酸

(4) 〔実験1〕で、気体が発生しなくなった容器のふたをゆっくり開け、し
ばらくふたを開けたままにして、もう一度ふたを閉めてから質量をはか
ると、混ぜ合わせる前の質量と比べてどうなるか。最も適当なものを、
次の**ア～ウ**から選び、記号で答えなさい。

**ア** 増加する。　　　**イ** 変化しない。　　　**ウ** 減少する。

(5) 表をもとに、銅の粉末の質量と反応した酸素の質量の関係を右にグラ
フでかきなさい。なお、グラフの縦軸には適切な数値を書きなさい。

(6) 〔実験2〕で、銅の粉末0.90gを質量が変化しなくなるまで十分に加熱
すると、酸化銅は何gできるか。小数第3位を四捨五入して、小数第2
位まで求めなさい。

(7) 次の ◻ の①、②にあてはまるものを、次の**ア～ウ**からそれぞれ選び、記号で答えなさい。

酸化銅と ① の粉末を試験管に入れて混ぜ、十分加熱したところ、酸化銅が銅に変化した。このとき、
試験管の中でできた銅の質量は、反応前の酸化銅の質量と比べて ② 。

① **ア** 銅　　　　　**イ** 炭素　　　　　　　　**ウ** 炭酸水素ナトリウム

② **ア** 増加した　　**イ** 変化しなかった　　　**ウ** 減少した

（グラフ縦軸）反応した酸素の質量〔g〕
（グラフ横軸）0 0.2 0.4 0.6 0.8 1.0 1.2 1.4 銅の粉末の質量〔g〕

**2** 酸化銅から銅をとり出す実験を行った。あとの問いに答えなさい。 [2020富山]

〔実験〕

⑦ 酸化銅6.00gと炭素粉末0.15gをはかりとり、よく混ぜた後、試験管A
に入れて**図1**のように加熱したところ、ガラス管の先から気体が出てきた。

⑦ 気体が出なくなった後、ガラス管を試験管Bからとり出し、ガスバー
ナーの火を消してから<u>ピンチコックでゴム管をとめ</u>、試験管Aを冷ました。

⑰ 試験管Aの中の物質の質量を測定した。

① 酸化銅の質量は6.00gのまま、炭素粉末の質量を変えて同様の実験を行
い、結果を**図2**のグラフにまとめた。

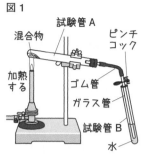

図1

(1) ⑦において、下線部の操作を行うのはなぜか。「銅」ということば
を使って簡単に書きなさい。

(2) 試験管Aで起こった化学変化を化学反応式で書きなさい。

(3) 酸化銅は、銅と酸素が一定の質量比で反応している。この質量
比を最も簡単な整数比で書きなさい。

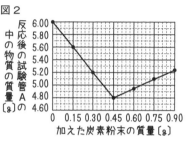

図2

(4) ①において、炭素粉末の質量が0.75gのとき、反応後に試験管
Aの中に残っている物質は何か、すべて書きなさい。また、それら
の質量も求め、例にならって答えなさい。

　例　○○が××g、□□が△△g

(5) 試験管Aに入れる炭素粉末の質量を0.30gにし、酸化銅の質量を変
えて実験を行った場合、酸化銅の質量と反応後の試験管Aの中に生じ
る銅の質量との関係はどうなるか。右にグラフでかきなさい。

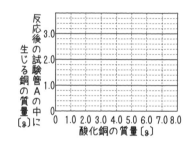

**3** ビーカーA〜Eを準備し、すべてのビーカーに、うすい塩酸を20cm³ずつ入れ、
図のように、それぞれの質量を測定した。次に、ビーカーAに0.40gの炭酸カル
シウムを加えたところ、二酸化炭素を発生しながらすべてとけた。二酸化炭素の
発生が完全に終わった後、反応後のビーカー全体の質量を測定した。また、ビー

カーB〜Eそれぞれについ
て、表に示した質量の炭酸カ
ルシウムを加え、二酸化炭素
の発生が完全に終わった後、
反応後のビーカー全体の質

| ビーカー | A | B | C | D | E |
|---|---|---|---|---|---|
| うすい塩酸20cm³が入った<br>ビーカー全体の質量[g] | 61.63 | 61.26 | 62.01 | 61.18 | 62.25 |
| 加えた炭酸カルシウムの質量[g] | 0.40 | 0.80 | 1.20 | 1.60 | 2.00 |
| 反応後のビーカー全体の質量[g] | 61.87 | 61.74 | 62.75 | 62.32 | 63.79 |

量を測定した。表は、それらの結果をまとめたものである。次の(1)、(2)の各問いに答えなさい。 [2022石川]

(1) 反応後のビーカーB〜Eのうち、炭酸カルシウムの一部が反応せずに残っているものはどれか、すべて選
び、記号で答えなさい。

(2) 実験と濃度が同じうすい塩酸100cm³と石灰石5.00gを反応させたところ、発生した二酸化炭素の質量は
1.56gであった。このとき用いた石灰石にふくまれる炭酸カルシウムの質量の割合は何%か、求めなさい。た
だし、この反応において、石灰石にふくまれる炭酸カルシウムはすべて反応し、それ以外の物質は反応して
いないものとする。

# 水溶液とイオン、電池とイオン

## 1 水溶液と電流

### ❶ 電解質と非電解質

・電解質…水にとかすと電流が流れる物質。例 塩化銅、塩化水素。

・非電解質…水にとかしても電流が流れない物質。例 砂糖、エタノール。

### ❷ 電解質の水溶液の電気分解

例 塩化銅水溶液の電気分解

塩化銅→銅＋塩素　（$CuCl_2 \rightarrow Cu + Cl_2$）

・陰極 ➡ 銅が付着する。

・陽極 ➡ 塩素が発生する。塩素は、水にとけやすい、プールを消毒したときのような特有の刺激臭がある、漂白作用があるなどの性質がある。

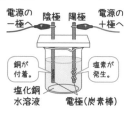

例 塩酸の電気分解

塩酸→水素＋塩素　（$2HCl \rightarrow H_2 + Cl_2$）

・陰極 ➡ 水素が発生する。

・陽極 ➡ 塩素が発生する。

⚠ 注意

塩酸の電気分解では、発生する水素と塩素の体積は同じであるが、塩素は水にとけやすいので、集まる体積は水素よりも少ない。

## 2 イオン

### ❶ 原子の構造…原子核と電子からできている。＋の電気の量と－の電気の量は等しく、電気的に中性である。

・原子核…陽子と中性子からできている。

・電子…－の電気をもつ。

・陽子…原子核の中にあり、＋の電気をもつ。

・中性子…原子核の中にあり、電気をもたない。

陽子
中性子
原子核
電子

📖 参考

陽子と中性子の質量はほぼ同じだが、電子の質量は非常に小さい。

### ❷ 同位体…同じ元素で、中性子の数が異なるもの。

### ❸ イオン…原子が電気を帯びたもの。

・陽イオン…原子が電子を失って、＋の電気を帯びたもの。

・陰イオン…原子が電子を受けとって、－の電気を帯びたもの。

📖 参考

非電解質の水溶液にはイオンが存在しないので、電流が流れない。

### ❹ イオンを表す化学式

| 水素イオン | $H^+$ | 塩化物イオン | $Cl^-$ |
|---|---|---|---|
| 銀イオン | $Ag^+$ | 水酸化物イオン | $OH^-$ |
| 亜鉛イオン | $Zn^{2+}$ | 硝酸イオン | $NO_3^-$ |
| バリウムイオン | $Ba^{2+}$ | 硫酸イオン | $SO_4^{2-}$ |

📖 参考

$OH^-$や$SO_4{}^{2-}$などの異なる種類の原子でできているイオンを多原子イオンという。

### ❺ 電離…物質が水にとけて陽イオンと陰イオンに分かれること。

例 塩化ナトリウムの電離：$NaCl \rightarrow Na^+ + Cl^-$

塩化水素の電離　　　：$HCl \rightarrow H^+ + Cl^-$

合格への
ヒント
● 塩化銅や塩酸の電気分解では、陰極と陽極でそれぞれ何が発生するかに注意！
● 代表的なイオンの名称と化学式は必ず覚えておこう！

## 3 金属のイオンへのなりやすさ

### ❶ 金属片に水溶液を加えたときの反応

|  | 硫酸銅水溶液 | 硫酸亜鉛水溶液 | 硫酸マグネシウム水溶液 |
|---|---|---|---|
| 銅片 | － | 反応しない。 | 反応しない。 |
| 亜鉛片 | 銅が付着する。 | － | 反応しない。 |
| マグネシウム片 | 銅が付着する。 | 亜鉛が付着する。 | － |

・イオンになりやすい金属の単体…イオンになりにくい金属の陽イオンに電子
をあたえて、自身は陽イオンになる。

・イオンになりにくい金属の陽イオン…イオンになりやすい金属の単体から電
子を受けとって金属の単体になる。

> 💡 絶対おさえる！　金属のイオンへのなりやすさ
>
> ☑ 銅、亜鉛、マグネシウムのイオンへのなりやすさの順
>
> $$Mg \; > \; Zn \; > \; Cu$$
> 大 ←――――→ 小

📖 参考

亜鉛片に硫酸銅水溶液を加えたときの変化
・亜鉛片→亜鉛原子が電子を2個失って亜鉛イオンになる。($Zn \rightarrow Zn^{2+} + 2e^-$)
・硫酸銅水溶液中の銅イオン→銅イオンが電子を2個受けとって銅原子になる。($Cu^{2+} + 2e^- \rightarrow Cu$)
⇒亜鉛は銅よりもイオンになりやすい。
（$e^-$：電子1個を表す記号）

💊 発展

水溶液中で、金属の陽イオンへのなりやすさをイオン化傾向という。

## 4 電池

### ❶ 電池（化学電池）…化学変化を利用して、化学エネルギーを電気エネルギーに変換してとり出す装置。電解質の水溶液と2種類の金属板を用いる。2種類の金属板のうち、イオンになりやすいほうの金属が－極になる。

### ❷ ダニエル電池…硫酸亜鉛水溶液と硫酸銅水溶液をセロハンで区切り、硫酸亜鉛水溶液に亜鉛板、硫酸銅水溶液に銅板を入れてつくった電池。

・－極：$Zn \rightarrow Zn^{2+} + 2e^-$

・＋極：$Cu^{2+} + 2e^- \rightarrow Cu$

・ダニエル電池のセロハンには小さな穴が開いており、陽イオンと陰イオンが少しずつ移動することにより、電気的なかたよりを防いでいる。

▶ ダニエル電池のしくみ

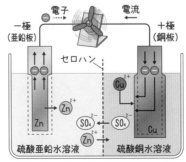

### ❸ 燃料電池…水素と酸素が化学変化を起こすときに電気エネルギーをとり出す電池。有害な物質を発生しない。

### ❹ いろいろな電池

・一次電池…使うと電圧が下がりもとにもどらない、使い切りの電池。

　例 マンガン乾電池、アルカリ乾電池、リチウム電池。

・二次電池（蓄電池）…外部から電流を流して電圧を回復させ、くり返し使うことができる電池。電圧を回復させることを充電という。

　例 鉛蓄電池、ニッケル水素電池、リチウムイオン電池。

確 認 問 題

| 日付 | ／ | ／ | ／ |
|---|---|---|---|
| ○△× | | | |

**1** 10%塩化銅水溶液200gと炭素棒などを用いて、図のような装置をつくった。電源装置を使って電圧を加えたところ、光電池用プロペラつきモーターが回った。　　　　　　　　　　　　[2020兵庫]

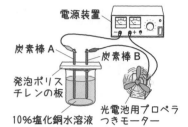

(1) 炭素棒A、B付近のようすについて説明した次の文の ① ～ ④ に入る語句の組み合わせとして最も適当なものを、あとの**ア**～**エ**から選び、記号で答えなさい。

　　光電池用プロペラつきモーターが回ったことから、電流が流れたことがわかる。このとき、炭素棒Aは ① 極となり、炭素棒Bは ② 極となる。また、炭素棒Aでは ③ し、炭素棒Bでは ④ する。

**ア** ①陰　②陽　③銅が付着　　④塩素が発生

**イ** ①陰　②陽　③塩素が発生　④銅が付着

**ウ** ①陽　②陰　③銅が付着　　④塩素が発生

**エ** ①陽　②陰　③塩素が発生　④銅が付着

(2) 塩化銅が水溶液中で電離しているとき、次の電離を表す式の _____ に入るものとして最も適当なものを、あとの**ア**～**エ**から選び、記号で答えなさい。

$CuCl_2 \rightarrow$ _____

**ア** $Cu^+ + Cl^{2-}$　　**イ** $Cu^+ + 2Cl^-$　　**ウ** $Cu^{2+} + Cl^-$　　**エ** $Cu^{2+} + 2Cl^-$

(3) 水にとかすと水溶液に電流が流れる物質について説明した次の文の ① ～ ③ に入る語句の組み合わせとして最も適当なものを、あとの**ア**～**エ**から選び、記号で答えなさい。

　　塩化銅は、水溶液中で原子が電子を ① 、全体としてプラスの電気を帯びた陽イオンと、原子が電子を ② 、全体としてマイナスの電気を帯びた陰イオンに分かれているため、水溶液に電流が流れる。塩化銅のように水にとかすと水溶液に電流が流れる物質を電解質といい、身近なものに ③ などがある。

**ア** ①受けとり　②失い　　③食塩　　**イ** ①受けとり　②失い　　③砂糖

**ウ** ①失い　　②受けとり　③食塩　　**エ** ①失い　　②受けとり　③砂糖

**2** 右の図のように、6本の試験管を準備し、硫酸マグネシウム水溶液、硫酸亜鉛水溶液、硫酸銅水溶液をそれぞれ2本ずつに入れた。次に、硫酸マグネシウム水溶液には亜鉛板と銅板を、硫酸亜鉛水溶液にはマグネシウムリボンと銅板を、硫酸銅水溶液にはマグネシウムリボンと亜鉛板をそれぞれ入れて変化を観察した。次の表は、その結果をまとめたものである。次の(1)、(2)に答えなさい。　　[2022青森]

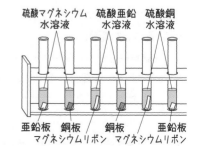

(1) 硫酸銅水溶液に亜鉛板を入れたときの亜鉛原子の変化のようすは、次のように化学式を使って表すことができる。(　　)に入る適当なイオンの化学式を答えなさい。

| | 硫酸マグネシウム水溶液 | 硫酸亜鉛水溶液 | 硫酸銅水溶液 |
|---|---|---|---|
| マグネシウムリボン | | 亜鉛が付着した | 銅が付着した |
| 亜鉛板 | 変化しなかった | | 銅が付着した |
| 銅板 | 変化しなかった | 変化しなかった | |

$$Zn \rightarrow (\quad) + 2e^-$$

(2) マグネシウム、亜鉛、銅を陽イオンになりやすい順に左から並べたものとして最も適当なものを 次の**ア**〜**カ**から選び、記号で答えなさい。

**ア** マグネシウム・亜鉛・銅　　**イ** マグネシウム・銅・亜鉛

**ウ** 亜鉛・マグネシウム・銅　　**エ** 亜鉛・銅・マグネシウム

**オ** 銅・マグネシウム・亜鉛　　**カ** 銅・亜鉛・マグネシウム

**3** ダニエル電池のしくみについて調べるため、金属板と水溶液を用いて次の実験Ⅰ・Ⅱを行った。このことについて、あとの(1)〜(5)の問いに答えなさい。

[2022高知]

**実験Ⅰ** 図1のように、銀のイオンをふくむ水溶液が入った試験管の中に亜鉛板を入れると、亜鉛板の表面に銀が付着した。同様に、マグネシウムのイオンをふくむ水溶液に亜鉛板を入れると、亜鉛板の表面には変化がなかった。

図1

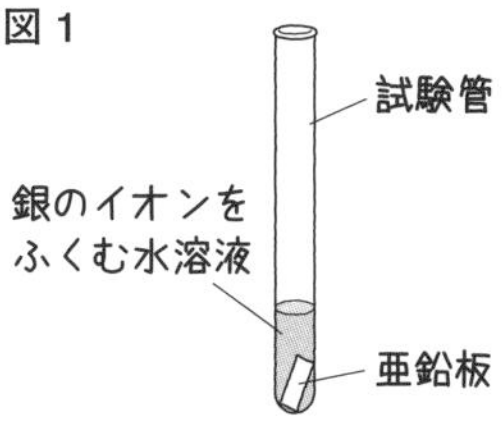

試験管

銀のイオンをふくむ水溶液

亜鉛板

**実験Ⅱ** 次の図2のように、ダニエル電池用水槽の内部をセロハンでしきり、水槽の一方に硫酸亜鉛水溶液を、もう一方に硫酸銅水溶液を、水溶液の液面の高さが同じになるように入れた。亜鉛板を硫酸亜鉛水溶液に、銅板を硫酸銅水溶液にそれぞれ入れ、亜鉛板と銅板をプロペラつき光電池用モーターにつなぐと、プロペラが回転した。プロペラをしばらく回転させた後、亜鉛板と銅板の表面のようすを観察した。

図2 プロペラつき光電池用モーター

セロハン

亜鉛板　　銅板

硫酸亜鉛水溶液　　硫酸銅水溶液

ダニエル電池用水槽

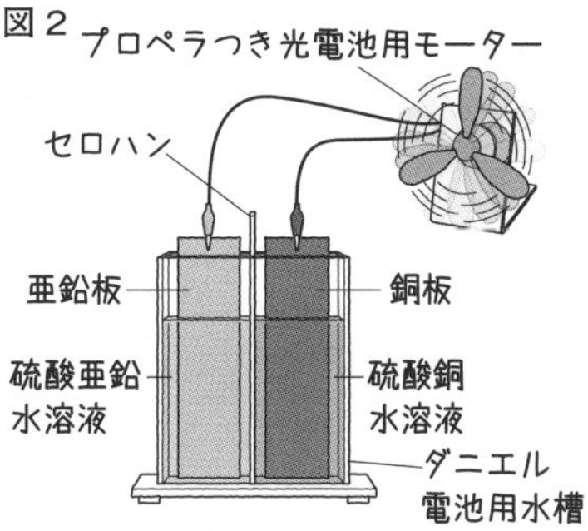

(1) **実験Ⅰ**の結果から、銀、亜鉛、マグネシウムの3種類の金属を、イオンになりやすいものから順に並べ、元素記号で答えなさい。

(2) **実験Ⅱ**において、プロペラが回転しているときに亜鉛板の表面で起こっている化学変化を、化学反応式で答えなさい。ただし、電子は$e^-$を使って表すものとする。

(3) **実験Ⅱ**において、プロペラをしばらく回転させると、銅板の表面にある物質が付着した。その物質の名称を答えなさい。

(4) ダニエル電池の＋極と−極、電子の移動の向きの組み合わせとして最も適当なものを、次の**ア**〜**エ**から選び、記号で答えなさい。

**ア** ＋極：亜鉛板　　−極：銅板　　電子の移動の向き：亜鉛板から銅板へ

**イ** ＋極：亜鉛板　　−極：銅板　　電子の移動の向き：銅板から亜鉛板へ

**ウ** ＋極：銅板　　−極：亜鉛板　　電子の移動の向き：亜鉛板から銅板へ

**エ** ＋極：銅板　　−極：亜鉛板　　電子の移動の向き：銅板から亜鉛板へ

(5) **実験Ⅱ**のダニエル電池用水槽内では、硫酸亜鉛水溶液と硫酸銅水溶液はセロハンによってしきられている。セロハンが果たしている役割を、「イオン」の語を使って、簡潔に書きなさい。

## Chapter 16

（化学）

# 酸・アルカリとイオン

## 1 酸性の水溶液とアルカリ性の水溶液の性質

### ① 酸性の水溶液の性質

・青色リトマス紙を赤色に変える。

・緑色の BTB 溶液の色を黄色に変える。

・pH 試験紙につけると黄色～赤色になる。

・マグネシウムリボンを入れると水素が発生する。

・電流が流れる。 〔電解質の水溶液〕

### ② アルカリ性の水溶液の性質

・赤色リトマス紙を青色に変える。

・緑色の BTB 溶液の色を青色に変える。

・pH 試験紙につけると青色になる。

・フェノールフタレイン溶液を赤色に変える。

・電流が流れる。 〔電解質の水溶液〕

## 2 酸・アルカリとイオン

### ① 酸…水にとかすと電離し、水素イオン（$H^+$）を生じる化合物。

例 塩化水素：$HCl \rightarrow H^+ + Cl^-$
硫酸　　：$H_2SO_4 \rightarrow 2H^+ + SO_4^{2-}$
硝酸　　：$HNO_3 \rightarrow H^+ + NO_3^-$

▶ 水素イオンの移動

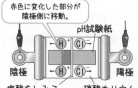

赤色に変化した部分が陰極側に移動。

pH試験紙

陰極　　　　　　陽極

塩酸をしみこませたろ紙　　硝酸カリウム水溶液をしみこませたろ紙

▶ 水酸化物イオンの移動

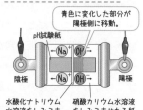

青色に変化した部分が陽極側に移動。

pH試験紙

陰極　　　　　　陽極

水酸化ナトリウム水溶液をしみこませたろ紙　　硝酸カリウム水溶液をしみこませたろ紙

💡 絶対おさえる！ 酸性の正体

☑ 酸→水素イオン（$H^+$）＋陰イオン

### ② アルカリ…水にとかすと電離し、水酸化物イオン（$OH^-$）を生じる化合物。

例 水酸化ナトリウム：$NaOH \rightarrow Na^+ + OH^-$
水酸化バリウム　　：$Ba(OH)_2 \rightarrow Ba^{2+} + 2OH^-$
水酸化カルシウム：$Ca(OH)_2 \rightarrow Ca^{2+} + 2OH^-$

💡 絶対おさえる！ アルカリ性の正体

☑ アルカリ→陽イオン＋水酸化物イオン（$OH^-$）

### ③ 酸性・アルカリ性の強さ…pH（ピーエイチ）を使って表す。pH の値は 0 ～ 14 まであり、中性のときの pH は 7 である。

・酸性の強さ…pH が 7 より小さいときは酸性で、値が小さいほど酸性は強い。

・アルカリ性の強さ…pH が 7 より大きいときはアルカリ性で、値が大きいほどアルカリ性は強い。

● リトマス紙・BTB溶液・フェノールフタレイン溶液の変化を覚えておこう！
● 中和が起こるときのイオンの変化のようすに注意しよう！

## 3 中和と塩

❶ **中和**…酸の水溶液とアルカリの水溶液を混ぜ合わせたときに起こる、**水素イオ**
**ン**と**水酸化物イオン**が結びついて水が生じ、たがいの性質を打ち消し合
う反応。中和は**発熱反応**である。

### 💡絶対おさえる！ 中和

☑ **水素イオン＋水酸化物イオン→水**
（　$H^+$　＋　$OH^-$　→$H_2O$）

❷ **塩**…酸の陰イオンとアルカリの陽イオンが結びついてできた物質。塩には水に
とけるものと、水にとけにくいものがある。

### 💡絶対おさえる！ 中和と塩

☑ **酸＋アルカリ→塩＋水**

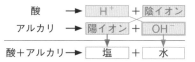

📖 参考

塩化ナトリウムは水にとけるが、硫酸バリウムは水にとけにくいので、沈殿ができる。

例 塩酸と水酸化ナトリウム水溶液の中和

　塩化水素＋水酸化ナトリウム→塩化ナトリウム＋水

　（$HCl + NaOH → NaCl + H_2O$）

例 硫酸と水酸化バリウム水溶液の中和

　硫酸＋水酸化バリウム→硫酸バリウム＋水

　（$H_2SO_4 + Ba(OH)_2 → BaSO_4 + 2H_2O$）

❸ **中和が起こるときのイオンの変化のようす**

例 塩酸に水酸化ナトリウム水溶液を少しずつ加える。

　塩酸に水酸化ナトリウム水溶液を少しずつ加えていったときのイオンの数
の変化

・$H^+$→少しずつ減っていき、やがてなくなる。

・$Cl^-$→変化しない。

・$Na^+$→増え続ける。

・$OH^-$→中和が起こらなくなると増える。

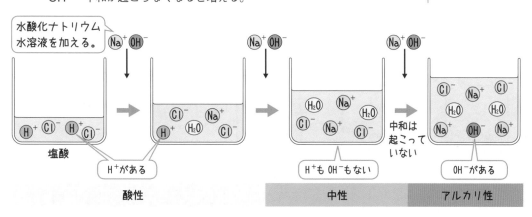

確 認 問 題

| 日付 | / | / | / |
| --- | --- | --- | --- |
| ○△× | | | |

**1** 中和について調べるために、次の実験を行った。これについて、あとの(1)～(3)の問いに答えなさい。

[2019愛媛]

〔実験1〕 5個のビーカーA～Eに⒜うすい塩酸
を5cm³ずつとったあと、BTB溶液を数滴ず
つ加えた。次に、ビーカーB～Eに⒝うすい
水酸化ナトリウム水溶液をそれぞれ2、4、6、
8cm³ずつ加えて水溶液の色の変化を観察し
た。表1は、その結果をまとめたものである。

表1

| ビーカー | A | B | C | D | E |
| --- | --- | --- | --- | --- | --- |
| うすい塩酸〔cm³〕 | 5 | 5 | 5 | 5 | 5 |
| うすい水酸化ナトリウム水溶液〔cm³〕 | 0 | 2 | 4 | 6 | 8 |
| 反応後の水溶液の色 | 黄色 | 黄色 | 黄色 | 青色 | 青色 |

反応後、青色に変化したビーカーDの水溶液に、下線部⒜のうすい塩酸を、水溶液の色が緑色になるまで少
しずつ加えた。このとき、加えたうすい塩酸はちょうど1cm³で、水溶液のpHを調べると7であった。

〔実験2〕 〔実験1〕終了後、新たにビーカーKを用意し、4個のビーカーA、B、C、Eそれぞれの水溶液を
すべて入れて、よくかき混ぜると水溶液の色は黄色になった。

(1) 〔実験1〕終了後のビーカーA～Eの水溶液のうち、pHが最も大きいのはどの水溶液か。最も適当なもの
を、A～Eから選び、記号で答えなさい。また、その水溶液は酸性、アルカリ性のどちらか、答えなさい。

(2) 〔実験2〕のビーカーKの水溶液を中性にするためには、下線部⒝のうすい水酸化ナトリウム水溶液を何
cm³加えればよいか、求めなさい。

(3) 図は、塩酸と水酸化ナトリウム水溶液が中和して水と塩ができ
るときのようすをモデルで示したものである。反応前の水溶液中
にはH⁺とCl⁻が2個ずつあるものとし、イオンの総数を4個とす
る。水溶液にNa⁺とOH⁻を1個ずつ加えて反応させていったと
き、水溶液X、Y、Z中のイオンの総数はそれぞれ何個か。最も適
当なものを、表2のア～エから選び、記号で答えなさい。

表2　　〔表中の数値の単位は個〕

| | 水溶液X | 水溶液Y | 水溶液Z |
| --- | --- | --- | --- |
| ア | 2 | 0 | 2 |
| イ | 4 | 4 | 4 |
| ウ | 4 | 4 | 6 |
| エ | 6 | 4 | 4 |

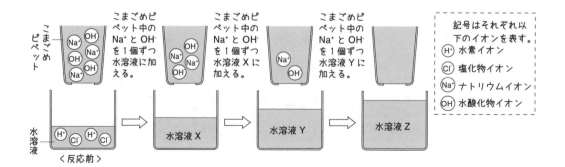

2 うすい硫酸とうすい水酸化バリウム水溶液について調べるために、次の実験を行った。これについて、あとの(1)、(2)の問いに答えなさい。ただし、それぞれの化学式は、硫酸は$H_2SO_4$、水酸化バリウムは$Ba(OH)_2$である。

[2019山梨]

〔**実験1**〕　うすい硫酸とうすい水酸化バリウム水溶液を用意し、フェノールフタレイン溶液、BTB溶液、リトマス紙を使って、それぞれの水溶液の性質を調べ、**表1**のようにまとめた。

表1

| | うすい硫酸 | うすい水酸化バリウム水溶液 |
|---|---|---|
| 無色のフェノールフタレイン溶液を加えたときの色の変化 | 変化しなかった | X |
| 緑色のBTB溶液を加えたときの色の変化 | Y | 青色になった |
| 赤色リトマス紙の色の変化 | 変化しなかった | 青色になった |
| 青色リトマス紙の色の変化 | 赤色になった | 変化しなかった |

〔**実験2**〕

① うすい水酸化バリウム水溶液$40cm^3$をビーカーにとり、図のように、メスシリンダーを用いてうすい硫酸$10cm^3$を加えた。このとき、ビーカー内に白い沈殿が生じた。

② ①の混合液中に生じた白い沈殿をろ過して乾燥させ、沈殿した物質の質量を測定した。

③ ②でろ過したろ液にBTB溶液を2、3滴加え、色の変化を確認した。

④ ①の加えるうすい硫酸の体積を$20cm^3$、$30cm^3$、$40cm^3$、$50cm^3$と変えて、②、③と同様の操作を行い、その結果を**表2**のようにまとめた。

表2

| 加えたうすい硫酸の体積〔$cm^3$〕 | 10 | 20 | 30 | 40 | 50 |
|---|---|---|---|---|---|
| 沈殿した物質の質量〔g〕 | 0.25 | 0.50 | 0.75 | 0.85 | 0.85 |
| 緑色のBTB溶液を加えたときの色の変化 | 青色になった | | | Y | |

(1) 〔**実験1**〕、〔**実験2**〕について、①、②の問いに答えなさい。

① 表1の │ X │、表1、表2の │ Y │ にあてはまるものとして最も適当なものを、次の**ア〜オ**からそれぞれ選び、記号で答えなさい。

**ア** 変化しなかった　　**イ** 黄色になった　　**ウ** 緑色になった
**エ** 青色になった　　**オ** 赤色になった

② BTB溶液と赤色リトマス紙を、それぞれ青色に変化させたイオンを何というか、その名称を書きなさい。

(2) 〔**実験2**〕について、次の①〜③の問いに答えなさい。

① 沈殿した物質は何か、化学式で答えなさい。

② 加えたうすい硫酸の体積と、混合液中の硫酸イオンの数の関係をグラフに表すと、どのようになると考えられるか。最も適当なものを、右の**ア〜エ**から選び、記号で答えなさい。

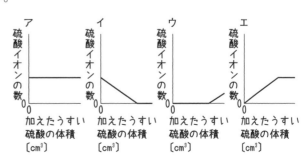

③ **表2**から、中性になると考えられるのは、うすい水酸化バリウム水溶液$40cm^3$にうすい硫酸を何$cm^3$加えたときか、求めなさい。

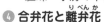

**Chapter 17**

生物

# 植物の体のつくりと分類

## 1 被子植物の花のつくり

❶ **種子植物**…花を咲かせ、種子をつくってなかまをふやす植物。

被子植物と裸子植物に分けられる。

❷ **被子植物**…種子植物のうち、胚珠が子房の中にある植物。

例 アブラナ、アサガオ、サクラ。

❸ **被子植物の花のつくり**…外側から、がく、花弁、おしべ、めしべの順についている。

・やく…おしべの先端にある小さな袋。やくの中には花粉が入っている。

・柱頭…めしべの先端の部分。

・子房…めしべのもとのふくらんだ部分。

・胚珠…子房の中にある小さな粒。

❹ **合弁花と離弁花**

・合弁花…花弁がくっついている花。例 アサガオ、ツツジ、タンポポ。

・離弁花…花弁が1枚1枚離れている花。例 アブラナ、エンドウ、サクラ。

❺ **受粉**…花粉がめしべの先の柱頭につくこと。

・虫媒花…花粉が昆虫によって運ばれる花。

・鳥媒花…花粉が鳥によって運ばれる花。

・風媒花…花粉が風によって運ばれる花。

❻ **果実や種子のでき方**

💡 **絶対おさえる! 受粉後の花の変化**

☑ 受粉後、子房は成長して果実になり、子房の中の胚珠は種子になる。

⚠ **注意**

被子植物には、ヘチマのように、雌花と雄花があるものや、イネのように、花弁やがくがなく、おしべとめしべが穀のようなものでおおわれた花もある。

📖 **参考**

種子は動物や水、風によって運ばれるなど、いろいろな方法で散布される。

## 2 裸子植物の花のつくり

❶ **裸子植物**…胚珠がむき出しになっている植物。

例 マツ、イチョウ、ソテツ。

❷ **マツの花のつくり**…雌花と雄花がある。

・雌花のりん片…胚珠がむき出しになっている。

・雄花のりん片…花粉のうがあり、中に花粉が入っている。

▶ マツの花のつくり

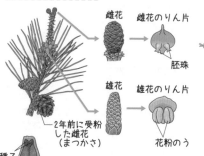

⚠ **注意**

マツの花には、がくや花弁はない。

⚠ **注意**

裸子植物は子房がないので果実はできない。

●「裸子植物」と「被子植物」のつくりのちがい、「単子葉類」と「双子葉類」のつ
くりのちがいを正確に覚えておこう！

Chapter 17　植物の体のつくりと分類

## 3 被子植物の子葉、葉脈、根のつくり

❶ **双子葉類と単子葉類**…被子
植物は、双子葉類と単子葉類に
分類できる。

・**双子葉類**…子葉は２枚、葉脈
は網状脈、根は主根と側根か
らなる。茎の維管束（▶ P81）
は、輪のように並んでいる。
双子葉類はさらに合弁花類
と離弁花類に分けられる。

| | 子葉 | 葉脈 | 根 |
|---|---|---|---|
| 双子葉類 | 子葉が2枚 | 網状脈 | 主根・側根がある。 |
| 単子葉類 | 子葉が1枚 | 平行脈 | ひげ根 |

・**単子葉類**…子葉は１枚、葉脈は平行脈、根はひげ根からなる。茎の維管束は全
体に散らばっている。

📖 参考
どの根にも、先端近くに、根
毛とよばれる小さな毛のよ
うなものがある。根毛によっ
て、根と土のふれ合う面積が
大きくなり、水や水にとけた
養分を吸収しやすくなって
いる。

## 4 種子をつくらない植物

❶ **シダ植物** 例 イヌワラビ、ゼンマイ、スギナ。
・種子をつくらず胞子でふえる。胞子は胞子のうという
袋でつくられる。
・根・茎・葉の区別がある。

❷ **コケ植物** 例 スギゴケ、ゼニゴケ。
・種子をつくらず胞子でふえる。胞子のうは雌株の先に
ついている。
・根・茎・葉の区別がない。
・仮根があり、体を地面など
に固定するはたらきをして
いる。

▶ イヌワラビ

📖 参考
イヌワラビの胞子のうは葉
の裏にある。

📖 参考
スギゴケやゼニゴケには雌
株と雄株がある。

▶ ゼニゴケ

## 5 植物の分類

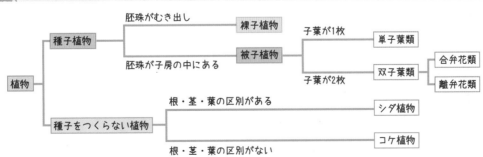

# 確 認 問 題

| 日付 | ／ | ／ | ／ |
|---|---|---|---|
| ○△× | | | |

**1** 植物を手にとってルーペで観察する。このときのルーペの使い方として最も適当なものを、次のア〜エから選び、記号で答えなさい。なお、矢印は、ルーペや植物を動かす方向を示しています。　　　　　　[2018埼玉]

ア　ルーペを植物に近づけ、ルーペと植物を一緒に動かして、よく見える位置をさがす。

イ　ルーペを目に近づけ、ルーペを動かさずに植物を動かして、よく見える位置をさがす。

ウ　ルーペを目から遠ざけ、植物を動かさずにルーペを動かして、よく見える位置をさがす。

エ　ルーペを目から遠ざけ、ルーペを動かさずに植物を動かして、よく見える位置をさがす。

**2** アブラナの体のつくりを調べるために、アブラナの観察を行った。図1はアブラナの花のつくりを、図2はアブラナのめしべの子房の断面を、また、図3はアブラナの葉のようすを、それぞれ模式的に表したものである。あとの(1)〜(4)の問いに答えなさい。　　　　　　[2020新潟]

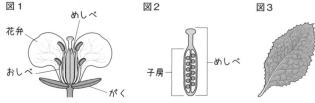

(1)　**図1**について、おしべの先端の袋状になっている部分の中に入っているものとして、最も適当なものを、次の**ア〜エ**から選び、記号で答えなさい。

　　ア　果実　　　イ　種子　　　ウ　胞子　　　エ　花粉

(2)　アブラナは、花のつくりから離弁花類に分類される。離弁花類に分類される植物として、最も適当なものを、次の**ア〜エ**から選び、記号で答えなさい。

　　ア　エンドウ　　　イ　ツユクサ　　　ウ　ツツジ　　　エ　アサガオ

(3)　**図2**について、アブラナが被子植物であることがわかる理由を書きなさい。

(4)　**図3**の葉の葉脈のようすから判断できる、アブラナの体のつくりについて述べた文として、最も適当なものを、次の**ア〜エ**から選び、記号で答えなさい。

　　ア　茎を通る維管束は、茎の中心から周辺部まで全体に散らばっている。

　　イ　体の表面全体から水分を吸収するため、維管束がない。

　　ウ　根は、主根とそこからのびる側根からできている。

　　エ　根は、ひげ根とよばれるたくさんの細い根からできている。

③ 図は、ゼニゴケ、タンポポ、スギナ、イチョウ、イネの5種類の植物を、「種子をつくる」、「葉・茎・根の区別がある」、「子葉が2枚ある」、「子房がある」の特徴に注目して、あてはまるものには○、あてはまらないものには×をつけ、分類したものである。これらの植物を分類したそれぞれの特徴は、図の①～④のいずれかにあてはまる。次の(1)、(2)の問いに答えなさい。 ［2021兵庫］

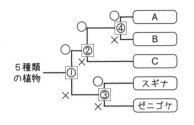

(1) 図の②、④の特徴として最も適当なものを、次の**ア～エ**からそれぞれ選び、記号で答えなさい。

**ア** 種子をつくる　　　**イ** 葉・茎・根の区別がある

**ウ** 子葉が2枚ある　　**エ** 子房がある

(2) 図の**A～C**の植物として最も適当なものを、次の**ア～ウ**から選び、記号で答えなさい。

**ア** タンポポ　　**イ** イチョウ　　**ウ** イネ

④ 図は、さまざまな植物を、体のつくりやふえ方の特徴をもとに、なかま分けしたものである。これに関して、次の(1)～(3)の問いに答えなさい。

［2020香川］

(1) 次の文は、図中に示した子孫をふやす方法について述べようとしたものである。文中の　　　内にあてはまる最も適当なことばを答えなさい。

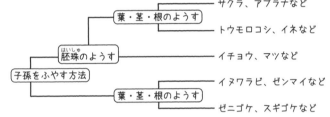

> 植物には、サクラ、トウモロコシ、イチョウなどのように種子をつくって子孫をふやすものと、イヌワラビやゼニゴケなどのように種子をつくらず　　　をつくって子孫をふやすものがある。

(2) 図中のサクラにできた「さくらんぼ」は、食べることができる。また、図中のイチョウは、秋ごろになると、雌花がある木にオレンジ色の粒ができるようになる。この粒は、イチョウの雌花が受粉したことによってできたものであり、乾燥させたあと、中身をとり出して食べられるようにしたものを「ぎんなん」という。次の文は、「さくらんぼ」と「ぎんなん」のつくりのちがいについて述べようとしたものである。文中の**P～S**の　　　内にあてはまることばの組み合わせとして、最も適当なものを、右の**ア～エ**から選び、記号で答えなさい。

|   | P | Q | R | S |
|---|---|---|---|---|
| **ア** | 子房 | 果実 | 胚珠 | 種子 |
| **イ** | 子房 | 種子 | 胚珠 | 果実 |
| **ウ** | 胚珠 | 果実 | 子房 | 種子 |
| **エ** | 胚珠 | 種子 | 子房 | 果実 |

> 「さくらんぼ」の食べている部分は **P** が成長した **Q** であり、「ぎんなん」の食べている部分は **R** が成長した **S** の一部である。

(3) 図中のアブラナとトウモロコシの体のつくりについて述べたものとして最も適当なものを、次の**ア～エ**から選び、記号で答えなさい。

**ア** アブラナの茎の維管束は散らばっており、トウモロコシの茎の維管束は輪の形に並んでいる

**イ** アブラナの子葉は1枚であり、トウモロコシの子葉は2枚である

**ウ** アブラナの葉脈は網目状であり、トウモロコシの葉脈は平行である

**エ** アブラナはひげ根をもち、トウモロコシは主根とそこからのびる側根をもつ

## Chapter 18 （生物） 動物の体のつくりと分類

### 1 食べるものによる体のつくりのちがい

① **肉食動物**…ライオンのように、ほかの動物を食べて生きる動物。

② **草食動物**…シマウマのように、植物を食べて生きる動物。

③ **肉食動物と草食動物の歯のちがい**

・肉食動物…獲物をとらえるための**犬歯**、かみ砕くための**臼歯**が発達。

・草食動物…草をかみ切るための**門歯**、草をすりつぶすための**臼歯**が発達。

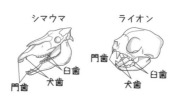

④ **肉食動物と草食動物の目のつき方のちがい**

・肉食動物…前向きについている。立体的に見える範囲が広く、獲物との距離をつかみやすい。

・草食動物…横向きについている。広範囲を見わたすことができ、敵を早く見つけやすい。

> 📖 **参考**
>
> 肉食動物と草食動物のあしのちがい
> ・肉食動物→鋭いつめをもち、獲物をおそうのに適している。
> ・草食動物→ひづめをもつ動物がおり、長い距離を走るのに適している。

### 2 背骨のある動物

① **脊椎動物**…背骨をもつ動物。

> 💡 **絶対おさえる！ 脊椎動物の分類**
>
> ☑ **脊椎動物**は、**魚類、両生類、は虫類、鳥類、哺乳類**の5つに分けられる。

② **生活場所**

・水中…**魚類、両生類の子**。

・陸上…**両生類の親、は虫類、鳥類、哺乳類**。

③ **体の表面のようす**

・うろこ…体を乾燥から守る。**魚類、は虫類**。

・うすく湿った皮膚…**両生類**。

・羽毛、毛…体温が下がりにくくなっている。**鳥類は羽毛、哺乳類は毛**でおおわれている。

④ **呼吸のしかた**

・えらで呼吸…**魚類**。両生類の子はえらと皮膚で呼吸する。

・肺で呼吸…**は虫類、鳥類、哺乳類**。両生類の親は肺と皮膚で呼吸する。

⑤ **子のうまれ方**

・卵生…親が卵をうみ、卵から子がかえるうまれ方。**魚類、両生類**は水中に殻のない卵をうみ、**は虫類、鳥類**は陸上に殻のある卵をうむ。

・胎生…母親の体内である程度育った子がうまれるうまれ方。**哺乳類**。

> 🔎 **発展**
>
> 子が成長して子をつくれるようになる前に体の形が大きく変化することを変態といい、変態の前を幼生、変態のあとを成体という。

> 🔎 **発展**
>
> まわりの温度が変わると体温も変わる動物を変温動物、まわりの温度が変わっても体温がほぼ一定の動物を恒温動物という。

● 脊椎動物は5種類の名称と「生活場所」「体の表面」「呼吸のしかた」「子のうまれ方」のちがいを正確に覚えておこう！

**Chapter 18　動物の体のつくりと分類**

### ⑥ 脊椎動物の分類

| | 生活場所 | 体の表面 | 呼吸のしかた | 子のうまれ方 | 例 |
|---|---|---|---|---|---|
| 魚類 | 水中 | うろこ | えら | 卵生 | フナ、コイ、メダカ |
| 両生類 | 子：水中<br>親：陸上 | うすく湿った皮膚 | 子：えらと皮膚<br>親：肺と皮膚 | | カエル、イモリ、サンショウウオ |
| は虫類 | 陸上 | うろこ | 肺 | | ヤモリ、トカゲ、カメ |
| 鳥類 | | 羽毛 | | | ハト、スズメ、ペンギン |
| 哺乳類 | | 毛 | | 胎生 | イヌ、ウサギ、ライオン |

## 3 背骨のない動物

① **無脊椎動物**…背骨をもたない動物。

② **節足動物**…体やあしが多くの**節**に分かれている動物。体は**外骨格**というかたい殻のようなものでおおわれている。外骨格の内側についている筋肉によって体やあしを動かしている。

・**昆虫類**…体は頭部・胸部・腹部の3つに分かれている。胸部に3対のあしがある。胸部や腹部にある**気門**から空気をとり入れ、呼吸をしている。昆虫の多くは、胸に2対のはねをもっている。

　　　例 バッタ、カブトムシ、チョウ。

・**甲殻類**…体は頭胸部・腹部の2つ、または頭部・胸部・腹部の3つに分かれている。多くは水中で生活し、えらで呼吸をする。

　　　例 ザリガニ、エビ、ミジンコ。

・その他の節足動物…クモ類、ムカデ類など。

③ **軟体動物**…内臓が**外とう膜**という筋肉でできた膜でおおわれており、あしは筋肉でできている。軟体動物の多くは、水中で生活している。水中で生活するものはえらで呼吸をする。マイマイのように陸上で生活するものは、肺で呼吸している。

　　　例 イカ、マイマイ、アサリなど。

④ **その他の無脊椎動物**…ヒトデ、クラゲ、ミミズなど。

⑤ **無脊椎動物の分類**

| | | 体の表面 | 呼吸のしかた | 子のうまれ方 | 例 |
|---|---|---|---|---|---|
| 軟体動物 | | 内臓は外とう膜でおおわれている | えら（一部肺） | 卵 | イカ、タコ、マイマイ |
| 節足動物 | 甲殻類 | 外骨格 | えらなど | 卵 | エビ、オカダンゴムシ |
| | 昆虫類 | | 気門 | | バッタ、チョウ |
| | その他 | | | | ムカデ、クモ、ヤスデ |
| その他 | | — | — | 卵 | ミミズ、ウニ、クラゲ |

📖 参考

節足動物が成長するとき、脱皮して古い外骨格を脱ぎ捨てる。

⚠ 注意

ハエやアブは胸に1対のはねをもっている。

## 確認問題

| 日付 | ／ | ／ | ／ |
|---|---|---|---|
| ○△× | | | |

**1** ブリ、カエル、トカゲ、スズメ、イヌの特徴について、いろいろな見方で調べたことを表にまとめた。あとの(1)〜(3)の問いに答えなさい。　　　　　　　　　　　　　　　　　　　　　　　　　　　[2018富山]

| | ブリ | カエル | | トカゲ | スズメ | イヌ |
|---|---|---|---|---|---|---|
| 体表 | うろこ | 湿った皮膚 | | うろこ | 羽毛 | 毛 |
| 呼吸器官 | えら | 幼生 | 成体 | 肺 | 肺 | 肺 |
| | | えら | （ **X** ） | | | |
| 子のうまれ方 | 卵生 | 卵生 | | 卵生 | 卵生 | 胎生 |

(1)　調べた動物にはすべて背骨がある。背骨がある動物を何というか、答えなさい。

(2)　次の文は、カエルの呼吸のしかたについてまとめたものである。空欄（　**X**　）、（　**Y**　）に適切なことばを答えなさい。なお、空欄（　**X**　）と表中の空欄（　**X**　）には同じことばが入ります。

> カエルの成体は呼吸器官である（　**X**　）だけでなく、（　**Y**　）でも呼吸している。

(3)　ほかの身近な動物としてコウモリについて調べた。その結果として正しいものはどれか、次の**ア〜カ**からすべて選び、記号で答えなさい。

**ア**　体表は湿った皮膚でおおわれている。　　　**イ**　体表はうろこでおおわれている。

**ウ**　体表は羽毛でおおわれている。　　　　　　**エ**　体表は毛でおおわれている。

**オ**　子のうまれ方は卵生である。　　　　　　　**カ**　子のうまれ方は胎生である。

**2** 節足動物について、次の(1)、(2)の問いに答えなさい。　　　　　　　　　　　　　　　　　[2019青森]

(1)　下の文は、節足動物の特徴について述べたものである。文中の（　　　　）に入る適切な語を答えなさい。

> 体に節があり、（　　　　）というかたい殻におおわれている。

(2)　①昆虫類、②甲殻類にあてはまるものの組み合わせとして最も適当なものを、次の**ア〜エ**から選び、記号で答えなさい。

**ア**　①　カブトムシ　　　②　クモ

**イ**　①　クモ　　　　　　②　カブトムシ

**ウ**　①　カブトムシ　　　②　ミジンコ

**エ**　①　クモ　　　　　　②　ミジンコ

**3** 軟体動物として最も適当なものを、次のア〜エから選び、記号で答えなさい。　　　　　　[2020栃木]

**ア**　ミミズ　　　**イ**　マイマイ　　　**ウ**　タツノオトシゴ　　　**エ**　ヒトデ

**4** まさとさんは、動物に興味をもち、脊椎動物や、無脊椎動物である軟体動物について、教科書や資料集で調べたことをⅠ、Ⅱのようにノートにまとめた。あとの(1)、(2)の問いに答えなさい。 [2021三重]

【まさとさんのノートの一部】

Ⅰ　脊椎動物について、脊椎動物であるメダカ、イモリ、トカゲ、ハト、ウサギの特徴やなかま分けは、下の表のように表すことができる。

| | メダカ | イモリ | トカゲ | ハト | ウサギ |
|---|---|---|---|---|---|
| 子のふやし方 | 卵生 | | | | X |
| 体温 | まわりの温度の変化にともなって体温が変化する。 | | | まわりの温度が変化しても体温がほぼ一定である。 | |
| なかま分け | 魚類 | 両生類 | は虫類 | 鳥類 | 哺乳類 |

Ⅱ　無脊椎動物である軟体動物について、軟体動物であるアサリの体のつくりは、図のように模式的に表すことができる。

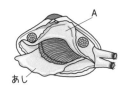

A
あし

(1)　Ⅰについて、次の①～③の問いに答えなさい。

① 　ウサギの子は、母親の体内で、ある程度育ってから親と同じようなすがたでうまれる。このような、表の　X　に入る、子のふやし方を何というか、その名称を答えなさい。

② 　卵生のメダカ、イモリ、トカゲ、ハトの中で、陸上に殻のある卵をうむ動物はどれか、メダカ、イモリ、トカゲ、ハトから適当なものをすべて選び、答えなさい。

③ 　次の文は、イモリの呼吸のしかたについて説明したものである。文中の（　あ　）、（　い　）に入る最も適当なことばは何か、それぞれ答えなさい。

子は（　あ　）という器官で呼吸する。子とはちがい、親は（　い　）という器官と、皮膚で呼吸する。

(2)　Ⅱについて、次の①～③の問いに答えなさい。

① 　図で示したAは、内臓をおおう膜である。Aを何というか、その名称を答えなさい。

② 　次の文は、アサリのあしについて説明したものである。文中の（　う　）に入る最も適当なことばは何か、漢字で書きなさい。

アサリのあしは筋肉でできており、昆虫類や甲殻類のあしにみられる特徴である、骨格や（　う　）がない。

③ 　アサリのように、軟体動物になかま分けすることができる動物はどれか、最も適当なものを次のア～オから選び、記号で答えなさい。

**ア**　クラゲ

**イ**　ミジンコ

**ウ**　イソギンチャク

**エ**　イカ

**オ**　ミミズ

生物

# 生物と細胞、植物の体のつくりとはたらき

## 1 顕微鏡の使い方

### ❶ 操作手順

①最も低倍率の対物レンズにし、反射鏡としぼりで視野を明るくする。

②プレパラートをステージにのせ、対物レンズとプレパラートをできるだけ近づける。

③接眼レンズをのぞき、対物レンズとプレパラートを遠ざけながらピントを合わせる。

④しぼりでものがはっきり見えるようにする。

⑤高倍率にしてくわしく観察する。

### ❷ 顕微鏡の拡大倍率

拡大倍率＝接眼レンズの倍率×対物レンズの倍率

▶ ステージ上下式顕微鏡

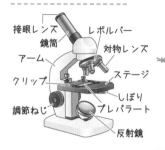

接眼レンズ　レボルバー　鏡筒　対物レンズ　アーム　ステージ　クリップ　しぼり　プレパラート　調節ねじ　反射鏡

⚠注意
ピントを合わせるときは、対物レンズを傷つけないように、対物レンズとプレパラートを遠ざけながらピントを合わせる。

📖 参考
高倍率にすると、見える範囲はせまくなり、明るさは暗くなる。

## 2 生物の体をつくるもの

❶ 細胞…生物の体をつくっている、たくさんの小さな部屋のようなもの。

❷ 単細胞生物…体が1つの細胞でできている生物。例 ゾウリムシ、ミカヅキモ。

❸ 多細胞生物…体がたくさんの細胞でできている生物。例 ミジンコ、ヒト。

❹ 多細胞生物の体の成り立ち

・組織…形やはたらきが同じ細胞が集まってできたもの。
　　　　例 表皮組織、葉肉組織、上皮組織、筋組織。

・器官…いくつかの種類の組織が集まってできたもの。器官は特定のはたらきをする。例 葉、茎、胃、小腸。

・個体…いくつかの器官が集まってできたもの。例 アブラナ、ヒト。

📖 参考
単細胞生物は、1つの細胞で動いたり、栄養をとり入れたり、なかまをふやしたりしている。

## 3 細胞のつくり

### ❶ 植物の細胞と動物の細胞に共通のつくり

・核…染色液によく染まる丸い粒。ふつう、1個の細胞に1個ある。

・細胞質…核のまわりの部分。

・細胞膜…細胞質のいちばん外側にあるうすい膜。

### ❷ 植物の細胞にだけ見られるつくり

・細胞壁…細胞膜の外側を囲んでいるじょうぶなしきり。

・葉緑体…たくさんの緑色の小さな粒。

・液胞…水分や活動でできた不要物などがふくまれている袋。

▶ 植物の細胞　　　▶ 動物の細胞

細胞壁　細胞膜　核　葉緑体　液胞

📖 参考
核は、酢酸オルセイン溶液、酢酸カーミン溶液などの染色液によく染まる。

合格への
ヒント

● 植物細胞と動物細胞のつくりの共通点やちがいを正確に覚えておこう！
●「単子葉類」と「双子葉類」の茎の維管束のちがいに注意しよう！

## 4 植物の体のつくりとはたらき

❶ **光合成**…植物が光を受けて、デンプンなどの栄養分をつくり出すこと。おもに葉の細胞にある**葉緑体**で行われる。水と二酸化炭素を原料とし、太陽などの光のエネルギーを受けて行われる。

> 📖参考
> 葉でつくられた栄養分は、水にとけやすい物質に変化して、師管を通って体全体に運ばれる。

> 💡 **絶対おさえる！ 光合成**
>
> 　　　　　　　　光のエネルギー
> 　　　　　　　　　　↓
> ☑ 水＋二酸化炭素　→　デンプンなど＋酸素

❷ **呼吸**…植物も動物と同じように呼吸を行い、酸素をとり入れて二酸化炭素を出している。

❸ **光合成と呼吸**…植物は1日中呼吸を行っている。日光が当たる昼間は光合成と呼吸の両方を行うが、呼吸によって出入りする気体の量より、**光合成によって出入りする気体の量のほうが多い**ため、光合成だけを行っているように見える。

❹ **水や栄養分の通り道**

・**道管**…水や水にとけた養分などの
　通り道。

・**師管**…葉でつくられた栄養分の通
　り道。

・**維管束**…道管と師管が集まった束。
　双子葉類の茎の維管束は輪のよう
　に並んでいて、単子葉類の茎の維管
　束は全体に散らばっている。根・
　茎・葉の維管束はつながっている。

▶ 双子葉類　　　▶ 単子葉類

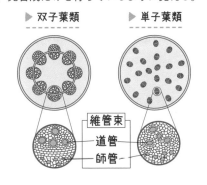

維管束
道管
師管

❺ **葉のつくり**

・**葉脈**…葉にあるすじ。葉の維管束
　である。

・**気孔**…2つの三日月形をした細胞
　（**孔辺細胞**）に囲まれたすきま。多
　くの植物ではおもに葉の裏側にあ
　り、酸素や二酸化炭素の出入り口、
　水蒸気の出口になっている。

▶ 葉の断面

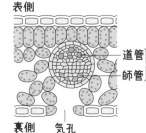

表側

道管
師管

維管束
＝
葉脈

裏側　　気孔

> 📖参考
> 気孔の開閉
> ・開いている
>
>
>
> 孔辺細胞
> ・閉じている
>
>

❻ **蒸散**…植物の体の中の水が、気孔から水蒸気となって出ていくこと。蒸散が起こることによって、植物の根から**吸水**がさかんに行われる。

# 確認問題

| 日付 | ／ | ／ | ／ |
|---|---|---|---|
| ○△× | | | |

**1** Yさんは、校庭で栽培しているホウセンカを上から見たときの、葉のようすを観察した。図1は、そのときのスケッチである。また、ホウセンカの茎をうすく輪切りにしたものを顕微鏡で観察した。図2は、そのときのスケッチである。次の(1)、(2)の問いに答えなさい。　　　　[2019山口]

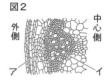

(1) 図1のように、葉はたがいにできるだけ重なり合わないように茎についている。このことは、多くの日光を葉で受け、デンプンなどをつくり出す点で都合がよいと考えられる。植物が、おもに葉で光を受けて、デンプンなどをつくり出すはたらきを何というか。書きなさい。

(2) 葉でつくられたデンプンは、水にとけやすい物質に変わり、維管束を通って植物の体全体に運ばれる。維管束のうち、葉でつくられたデンプンが水にとけやすい物質に変わって通る部分の名称を書きなさい。また、その部分は、図2のどの位置にあるか。ア、イから選び、記号で答えなさい。

**2** ある種子植物を用いて、植物が行う吸水のはたらきについて調べる実験を行った。あとの問いに答えなさい。

[2020富山]

実験

⑦ 葉の大きさや数、茎の太さや長さが等しい枝を4本準備した。

⑦ それぞれ、右の図のように処理して、水の入った試験管A〜Dに入れた。

⑨ 試験管A〜Dの水面に油を1滴たらした。

⑤ 試験管A〜Dに一定の光を当て、10時間放置し、水の減少量を調べ、表にまとめた。

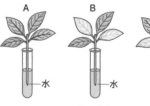

A 何も処理しない。　B 葉の裏側だけにワセリンをぬる。　C 葉の表側だけにワセリンをぬる。　D すべての葉をとって、その切り口にワセリンをぬる。

(1) ⑨において、水面に油をたらしたのはなぜか、その理由を簡単に書きなさい。

(2) 種子植物などの葉の表皮に見られる、気体の出入り口を何というか、書きなさい。

| 試験管 | A | B | C | D |
|---|---|---|---|---|
| 水の減少量〔g〕 | $a$ | $b$ | $c$ | $d$ |

(3) 表中の$d$を$a$、$b$、$c$を使って表すと、どのような式になるか、書きなさい。

(4) 10時間放置したとき、$b = 7.0$、$c = 11.0$、$d = 2.0$であった。Aの試験管の水が10.0g減るのにかかる時間は何時間か。小数第1位を四捨五入して整数で答えなさい。

(5) 種子植物の吸水について説明した次の文の空欄（　X　）、（　Y　）に適切なことばを書きなさい。

・吸水のおもな原動力となっているはたらきは（　X　）である。

・吸い上げられた水は、根、茎、葉の（　Y　）という管を通って、植物の体全体に運ばれる。

**3** 植物の光合成について実験を行った。あとの(1)～(5)の問いに答えなさい。　　　　　　　　［2021徳島］

---

実験

Ⅰ　ふ入りの葉をもつ植物の鉢植えを用意し、暗室に1日置いた。

Ⅱ　その後、**図1**のように、この植物の葉の一部をアルミニウムはくでおおい、**図2**のように、この植物全体にポリエチレンの袋をかぶせ、ポリエチレンの袋に息を十分にふきこんだあと、茎の部分でしばって密閉し、袋の中の気体の割合について調べた。

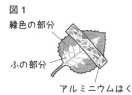
図1
緑色の部分
ふの部分
アルミニウムはく

図2
ポリエチレンの袋

Ⅲ　この植物に数時間光を当てたあと、再び袋の中の気体の割合について調べ、ポリエチレンの袋をはずした。

Ⅳ　アルミニウムはくでおおった葉を茎から切りとり、アルミニウムはくをはずして、熱湯につけた。

Ⅴ　熱湯からとり出した葉を、90℃の湯であたためたエタノールにつけた。その後、エタノールからとり出した葉を水でよく洗った。

Ⅵ　水で洗った葉をヨウ素溶液につけて色の変化を調べると、**図3**のようになった。表は、このときの結果をまとめたものである。

図3
A 光が当たった緑色の部分 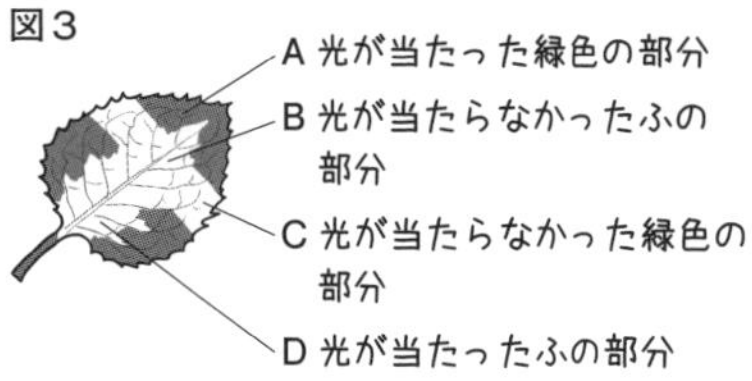
B 光が当たらなかったふの部分
C 光が当たらなかった緑色の部分
D 光が当たったふの部分

| 図3の葉の部分 | A | B | C | D |
|---|---|---|---|---|
| 色の変化 | 青紫色になった | 変化なし | 変化なし | 変化なし |

---

(1)　実験Ⅱ・Ⅲで、ポリエチレンの袋の中の気体のうち、数時間光を当てたあと、割合が減少したものはどれか。最も適当なものを、次の**ア～エ**から選び、記号で答えなさい。

**ア**　酸素　　　　　**イ**　水素　　　　**ウ**　窒素　　　**エ**　二酸化炭素

(2)　実験Ⅴで、葉をエタノールにつけたのはなぜか、その理由を書きなさい。

(3)　表において、Aの部分が青紫色になったのは、この部分にヨウ素溶液と反応した物質があったためである。この物質は何か、書きなさい。

(4)　次の文は、実験の結果からわかったことについて述べたものである。正しい文になるように、文中の（　①　）～（　④　）にあてはまるものを、A～Dからそれぞれ選びなさい。ただし、同じ記号を何度使ってもよいものとする。

---

　表の（　①　）と（　②　）の色の変化を比べることで、光合成は葉の緑色の部分で行われることがわかった。また、表の（　③　）と（　④　）の色の変化を比べることで、光合成を行うためには光が必要であることがわかった。

---

(5)　実験Ⅰで暗室に1日置くかわりに、十分に明るい部屋に1日置き、実験Ⅱ～Ⅵを行ったとき、表とはちがう結果となった。ちがう結果となったのはどの部分か。最も適当なものを、A～Dから選び、記号で答えなさい。また、その部分はどのような結果となったか、書きなさい。

# 動物の体のつくりとはたらき①

## 1 消化

① 消化…食物にふくまれる栄養分を分解し、体内に吸収されやすい状態に変えるはたらき。

② 消化管…口 ➡ 食道 ➡ 胃 ➡ 小腸 ➡ 大腸 ➡ 肛門と1本の管でつながった、食物の通り道。

③ 消化液…食物を消化するはたらきをもつ液。

④ 消化酵素…消化液にふくまれていて、食物を分解して吸収されやすい養分に変えるはたらきをもつ物質。消化酵素は、それぞれ決まった物質にはたらく。

消化酵素はヒトの体温に近い温度で最もよくはたらき、消化酵素自体は変化しない。

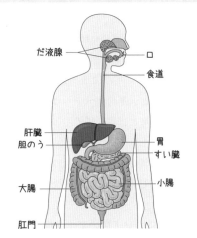

| 消化酵素 | 消化液 | はたらき |
|---|---|---|
| アミラーゼ | だ液、すい液 | デンプンを分解する。 |
| ペプシン | 胃液 | タンパク質を分解する。 |
| トリプシン | すい液 | タンパク質を分解する。 |
| リパーゼ | すい液 | 脂肪を分解する。 |

**参考**

胆汁には消化酵素はふくまれていないが、脂肪の分解を助けるはたらきがある。胆汁は肝臓でつくられて、胆のうにたくわえられている。

⑤ 消化によってできる物質

💡 **絶対おさえる! 消化によってできる物質**

☑ 消化によって、デンプンは**ブドウ糖**に、タンパク質は**アミノ酸**に、脂肪は**脂肪酸**と**モノグリセリド**に分解される。

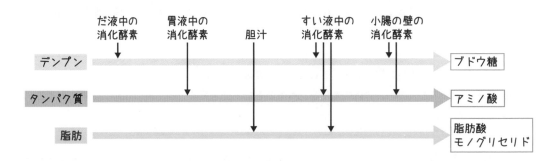

## 2 吸収

❶ **吸収**…消化された養分が、小腸の柔毛から体内にとり入れられるはたらき。

❷ **柔毛**…小腸の壁のひだの表面にある小さな突起。表面積が大きくなり、効率よく養分を吸収することができる。

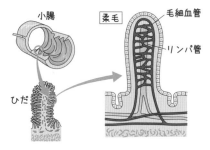

❸ **吸収されたあとの物質のゆくえ**…柔毛から吸収されたあと、血管にとり入れられて全身に運ばれる。

・ブドウ糖…柔毛から吸収されたあと毛細血管に入り、肝臓に運ばれ、一部は**グリコーゲンに合成されて**たくわえられる。必要なときに再びブドウ糖に分解されて、全身の細胞に運ばれる。

・アミノ酸…柔毛から吸収されたあと毛細血管に入り、肝臓に運ばれ、一部はタンパク質に合成されて全身の細胞に運ばれる。

・脂肪酸とモノグリセリド…柔毛から吸収されたあと**再び脂肪になり**、リンパ管を通って血管に入り、全身の細胞に運ばれる。

📖 参考
リンパ管はやがて首の下で静脈と合流する。

## 3 呼吸

❶ **肺による呼吸**…鼻や口から吸いこまれた酸素と、全身から送られてきた二酸化炭素を肺で交換すること。

❷ **肺胞**…気管支の先にある無数の小さな袋。**表面積が大きくなり、酸素と二酸化炭素の交換を効率よく行うことができる。**

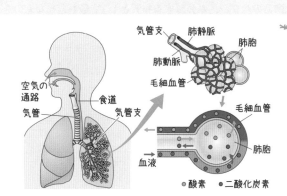

📖 参考
酸素は赤血球中のヘモグロビンによって運ばれ、二酸化炭素は血しょうにとけこんで運ばれる。

❸ **呼吸のしかた**…肺は、ろっ骨と横隔膜を使って空気を吸ったりはいたりする。

・息を吸うとき…横隔膜が下がり、ろっ骨が上がる。

・息をはくとき…横隔膜が上がり、ろっ骨が下がる。

❹ **細胞による呼吸**…血液によって運ばれてきた栄養分を酸素を使って分解し、**エネルギーをとり出す**細胞のはたらき。このとき二酸化炭素と水ができる。

Chapter 20　動物の体のつくりとはたらき①

解答解説 ▷ 別冊 P.018

| 日付 | / | / | / |
|---|---|---|---|
| ○△× | | | |

**1** 図はヒトの肺のつくりを模式的に表したものである。図中の ▢ にあてはまる、気管支の先につながる小さな袋の名称を書きなさい。また、この小さな袋が多数あることで、酸素と二酸化炭素の交換の効率がよくなる。その理由を、簡潔に書きなさい。
[2020和歌山]

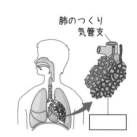

肺のつくり
気管支

**2** だ液のはたらきについて、次の(1)、(2)の問いに答えなさい。
[2019石川]

(1) だ液には食物を分解し、ヒトの体に吸収されやすい物質にするはたらきがある。このはたらきを何というか、答えなさい。

(2) だ液にふくまれるアミラーゼのはたらきについて述べたものとして最も適当なものを、次のア～エから選び、記号で答えなさい。

　**ア** タンパク質を分解する。　　**イ** デンプンを分解する。

　**ウ** 脂肪を分解する。　　**エ** カルシウムを分解する。

**3** ヒトの消化や吸収に関して、次の(1)～(3)の問いに答えなさい。
[2019新潟]

(1) 胃液にふくまれる消化酵素のペプシンが分解する物質として、最も適当なものを、次のア～エから選び、記号で答えなさい。

　**ア** タンパク質　　**イ** デンプン　　**ウ** 脂肪　　**エ** ブドウ糖

(2) 次の文は、胆汁のはたらきについて述べたものである。文中の ▢X▢ 、 ▢Y▢ にあてはまる語句の組合せとして、最も適当なものを、あとのア～エから選び、記号で答えなさい。

---

胆汁は消化酵素を ▢X▢ 、 ▢Y▢ の分解を助ける。

---

　**ア** 〔**X** ふくみ　　**Y** 脂肪〕

　**イ** 〔**X** ふくまず　　**Y** 脂肪〕

　**ウ** 〔**X** ふくみ　　**Y** デンプン〕

　**エ** 〔**X** ふくまず　　**Y** デンプン〕

(3) 小腸の内側の表面には柔毛とよばれる多数の突起がある。次の①、②の問いに答えなさい。

　① 小腸の柔毛で吸収されたアミノ酸が、最初に運ばれる器官として、最も適当なものを、次のア～オから選び、記号で答えなさい。

　　**ア** 胃　　**イ** じん臓　　**ウ** 肝臓　　**エ** すい臓　　**オ** 大腸

　② 脂肪が分解されてできた脂肪酸とモノグリセリドは、小腸の柔毛で吸収された後に、どのように変化し、どのように全身の細胞に運ばれていくか。「リンパ管」、「血管」という語句を用いて書きなさい。

4 だ液によるデンプンの変化を調べる実験を行った。あとの(1)〜(5)の問いに答えなさい。

［2018 岐阜］

**実験** 4本の試験管A〜Dを用意し、それぞれにデンプン溶液を10cm³入れた。さらに、試験管A、Cには、水でうすめただ液を2cm³ずつ入れ、試験管B、Dには、水を2cm³ずつ入れた。それぞれの試験管を振り混ぜた後、図のようにヒトの体温に近い約40℃の湯の中に、試験管を10分間置いた。その後、試験管A、Bにはヨウ素液を入れて、試験管の中の色の変化を観察した。試験管C、Dにはベネジクト液と沸騰石を入れてガスバーナーで加熱し、試験管の中の変化を観察した。**表1**は、実験の結果をまとめたものである。

約40℃の湯

(1) 試験管C、Dを加熱するときに、沸騰石を入れた理由を簡潔に説明しなさい。

(2) 次の □ のa、bにあてはまるものとして最も適当なものを、あとのア〜カからそれぞれ選び、記号で答えなさい。

表1

| | ヨウ素溶液との反応による色の変化 | ベネジクト溶液との反応による変化 |
|---|---|---|
| 試験管A | 変化しなかった | |
| 試験管B | 青紫色に変化した | |
| 試験管C | | 赤褐色の沈殿が生じた |
| 試験管D | | 変化しなかった |

実験の結果から、試験管 □a□ の溶液のようすを比べると、だ液のはたらきによって、デンプンがなくなったことがわかる。また、試験管 □b□ の溶液のようすを比べると、だ液のはたらきによって、麦芽糖などが生じたことがわかる。これらのことから、だ液のはたらきによってデンプンは分解され、麦芽糖などに変化したと考えられる。

ア AとB　　イ AとC　　ウ AとD
エ BとC　　オ BとD　　カ CとD

(3) デンプンを麦芽糖などに分解するだ液にふくまれる消化酵素を何というか。ことばで書きなさい。

(4) **表2**は、ヒトの消化に関わる器官X〜Zから出る消化液が、消化酵素であるトリプシン、ペプシン、リパーゼをそれぞれふくむかどうかをまとめたものである。器官X〜Zは、だ液腺、胃、すい臓のいずれかである。器官Yは何か。ことばで書きなさい。

表2

| | トリプシン | ペプシン | リパーゼ |
|---|---|---|---|
| 器官X | ふくむ | ふくまない | ふくむ |
| 器官Y | ふくまない | ふくむ | ふくまない |
| 器官Z | ふくまない | ふくまない | ふくまない |

(5) 「だ液がデンプンを分解するときに体温より低い温度では、デンプンは分解されにくい。」という仮説を立てた。この仮説を検証するために、試験管Aで行った実験と比較する対照実験として最も適当なものを、次のア〜エから選び、記号で答えなさい。

ア デンプン溶液を10cm³入れた試験管に水を2cm³入れて振り混ぜ、氷水の中に試験管を60分間置いた後、ヨウ素液を入れる。

イ デンプン溶液を10cm³入れた試験管に水を2cm³入れて振り混ぜ、氷水の中に試験管を10分間置いた後、ヨウ素液を入れる。

ウ デンプン溶液を10cm³入れた試験管に水でうすめただ液を2cm³入れて振り混ぜ、氷水の中に試験管を60分間置いた後、ヨウ素液を入れる。

エ デンプン溶液を10cm³入れた試験管に水でうすめただ液を2cm³入れて振り混ぜ、氷水の中に試験管を10分間置いた後、ヨウ素液を入れる。

# 21 生物 動物の体のつくりとはたらき②

## 1 血液成分と血液の循環

### ❶ 血液の成分

| | はたらき |
|---|---|
| 赤血球 | ヘモグロビンという物質によって酸素を運ぶ。 |
| 白血球 | 細菌などを分解する。 |
| 血小板 | 出血したときに、血液を固める。 |
| 血しょう | 液体で、栄養分や不要な物質を運ぶ。 |

・ヘモグロビン…酸素の多いところでは酸素と結びつき、酸素の少ないところでは酸素をはなす性質をもつ。

❷ **組織液**…血しょうが毛細血管からしみ出たもの。組織液を通して細胞に酸素や栄養分をあたえ、細胞から二酸化炭素や不要物を受けとる。

❸ **心臓**…血液を送り出すポンプの役割をもち、体中に血液を循環させる。

❹ **動脈と静脈**

・動脈…心臓から送り出される血液が流れる血管。

・静脈…心臓にもどってくる血液が流れる血管。

❺ **動脈血と静脈血**

・動脈血…酸素を多くふくみ、二酸化炭素が少ない血液。

・静脈血…二酸化炭素を多くふくみ、酸素が少ない血液。

❻ **血液の循環**…心臓から出た血液が心臓にもどってくるまでの道すじ。

・**肺循環**…血液が**心臓➡肺動脈➡肺➡肺静脈➡心臓**の順に通る道すじ。肺で二酸化炭素を出して、酸素を受けとる。

・**体循環**…血液が**心臓➡動脈➡全身➡静脈➡心臓**の順に通る道すじ。全身を通る間に、酸素を出して二酸化炭素を受けとる。

▶ 細胞での物質のやりとり

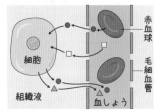

●酸素 □栄養分 ●二酸化炭素 △不要物

▶ 心臓のつくり

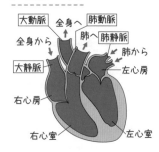

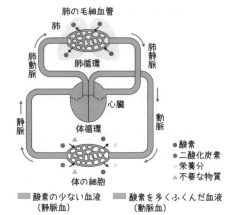

肺の毛細血管

肺循環

体循環

心臓

体の細胞

●酸素
●二酸化炭素
□栄養分
△不要な物質

▭酸素の少ない血液（静脈血）　▬酸素を多くふくんだ血液（動脈血）

📖 参考

動脈は壁が厚く、弾力がある。静脈は壁がうすく、ところどころに逆流を防ぐための弁がある。

⚠ 注意

肺動脈には静脈血が流れ、肺静脈には動脈血が流れる。

<br>

- 肺循環や体循環がどのような順番で循環しているか整理しておこう！
- 「肝臓」と「じん臓」ははたらきを混同しないように注意！

## 2 〈 排出

❶ **排出**…二酸化炭素やアンモニアなど、不要な物質を体外に出すはたらき。

❷ **肝臓のはたらき**…運ばれてきた有害なアンモニアを、害の少ない尿素に変える。

❸ **じん臓のはたらき**…肝臓から運ばれてきた血液中の尿素をこし出して、尿に変える。尿は**輸尿管**を通ってぼうこうで一時的にためられ、体外に排出される。

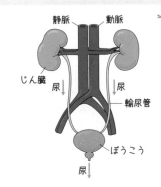

> 📖 参考
>
> アミノ酸が分解されると、水や二酸化炭素のほかにアンモニアができる。

## 3 〈 刺激

❶ **感覚器官**…外からの刺激を受けとる器官。

| 感覚器官 | 受けとる刺激 | 感覚 |
|---|---|---|
| 目 | 光 | 視覚 |
| 耳 | 音（空気の振動） | 聴覚 |
| 鼻 | においのもとになる刺激 | 嗅覚 |
| 舌 | 味のもとになる刺激 | 味覚 |
| 皮膚 | 圧力、痛み、温度などの刺激 | 触覚 |

▶ **目のつくり**

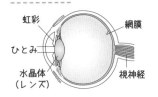

> 📖 参考
>
> 目のつくりとはたらき
> ・虹彩→ひとみの大きさを変えて水晶体（レンズ）に入る光の量を調節する。
> ・水晶体（レンズ）→筋肉のはたらきで厚みを変え、光を屈折させて、網膜上に像を結ばせる。
> ・網膜→光の刺激を受けとり、像を結ぶ。

❷ **神経系**…刺激の伝達や命令にかかわる器官。
- **中枢神経**…判断や命令などを行う神経。脳とせきずい。
- **末しょう神経**…中枢神経から枝分かれして全身に広がる神経。感覚神経や運動神経など。

▶ **神経系のようす**

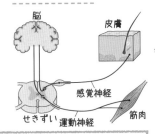

> 📖 参考
>
> 反射の例
> ・熱いものに手がふれて思わず手を引っこめる。
> ・暗いところに入るとひとみが大きくなり、明るいところに出るとひとみが小さくなる。
> ・食物を口に入れるとだ液が出る。

❸ **刺激に対する反応**

> 💡 **絶対おさえる！ 刺激や命令の信号の伝わり方**
>
> ☑ 意識して起こす反応　感覚器官➡せきずい➡脳➡せきずい➡運動器官
> ☑ 無意識に起こる反応（反射）感覚器官➡せきずい➡運動器官

❹ **運動のしくみ**…骨と筋肉はつながっており、筋肉がゆるんだり縮んだりすることによって骨格を動かすことができる。

▶ うでをのばすとき

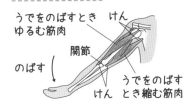

▶ うでを曲げるとき

> 📖 参考
>
> 筋肉の両端をけんといい、関節をへだてた2つの骨についている。

# 確認問題

| 日付 | ／ | ／ | ／ |
|---|---|---|---|
| ○△× |  |  |  |

**1** 図1は、ヒトの体を正面から見たときの心臓の断面を模式的に表したものであり、図1中の4つの○で示した部分は弁である。また、図2は、心臓の拍動とそれにともなう血液の流れを模式的に表したものであり、図2中の➡は心房と心室の広がりや縮みを、⇨は血液の流れを表している。心臓のようすが図2の①→②→③→①→②→③→…の順に変化をくり返すとき、心臓で起こることを説明したものとして最も適当なものを、次のア～エから選び、記号で答えなさい。 ［2021神奈川］

図1 　　図2　① 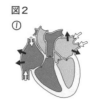　② 　③

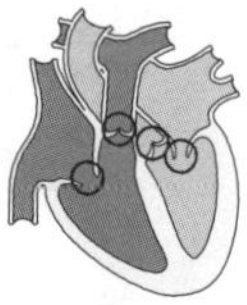

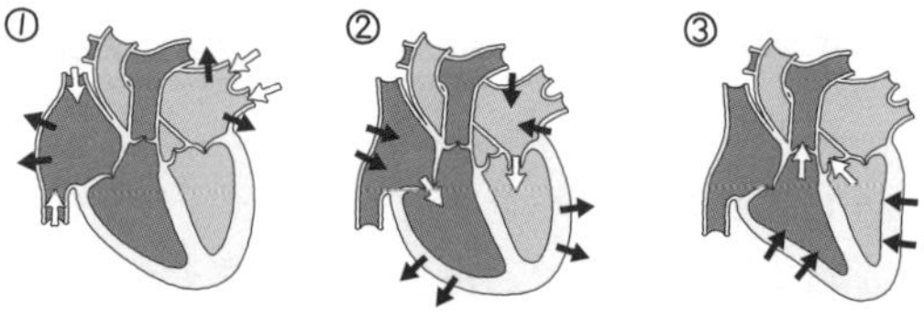

ア　左心房が広がるとき、左心房には全身からもどってきた血液が流れこむ。

イ　2つの心室が縮むとき、それぞれの心室から酸素を多くふくむ血液が流れ出す。

ウ　心房と心室の間にある弁は、心房が広がるときには開いており、心房が縮むときには閉じている。

エ　心室と血管の間にある弁は、心室が広がるときには閉じており、心室が縮むときには開いている。

**2** 図は、ヒトの血液の循環のようすを模式的に表したものである。次の(1)～(4)の問いに答えなさい。 ［2021愛媛］

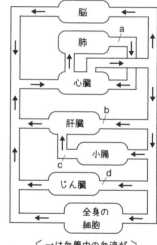

→は血管中の血液が
流れる向きを示す。

(1) 栄養分をふくむ割合が最も高い血液が流れる部分として最も適当なものを、図中の a～d から選び、記号で答えなさい。

(2) 血液が、肺から全身の細胞に酸素を運ぶことができるのは、赤血球にふくまれるヘモグロビンの性質によるものである。その性質を、酸素の多いところと酸素の少ないところでのちがいがわかるように、それぞれ簡単に書きなさい。

(3) 次の文の①、②の{ }の中から、それぞれ適当なものを1つずつ選び、記号で答えなさい。

> 細胞の生命活動によってできた有害なアンモニアは、①{ア　じん臓
> イ　肝臓}で無害な②{ウ　グリコーゲン　エ　尿素}に変えられる。

(4) ある人の心臓は1分間に75回拍動し、1回の拍動で右心室と左心室からそれぞれ80cm³ずつ血液が送り出される。このとき、体循環において、全身の血液量に当たる5000cm³の血液が、心臓から送り出されるのにかかる時間は何秒か、求めなさい。

**3** 刺激に対するヒトの反応を調べる実験1、2を行った。あとの(1)〜(7)の問いに答えなさい。

[2020 岐阜]

**実験1**

図1のように、6人が手をつないで輪になる。ストップウォッチを持った人が右手でストップウォッチをスタートさせると同時に、右手で隣の人の左手を握る。左手を握られた人は、右手でさらにとなりの人の左手を握り、次々に握っていく。ストップウォッチを持った人は、自分の左手が握られたら、すぐにストップウォッチを止め、時間を記録する。これを3回行い、記録した時間の平均を求めたところ、1.56秒であった。

図1

ストップウォッチ

図2

**実験2**

図2のように、手鏡でひとみを見ながら、明るいほうからうす暗いほうに顔を向け、ひとみの大きさを観察したところ、意識とは無関係に、ひとみは大きくなった。

(1) **実験1**で、1人の人が手を握られてからとなりの人の手を握るまでにかかった平均の時間は何秒か、求めなさい。

(2) **実験1**で、「握る」という命令の信号を右手に伝える末しょう神経は何という神経か。答えなさい。

(3) 図3は、**実験1**で1人の人が手を握られてからとなりの人の手を握るまでの神経の経路を模式的に示したものである。Aは脳、Bは皮膚、Cはせきずい、Dは筋肉、実線（——）はそれらをつなぐ神経を表している。

図3

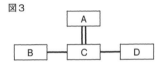

**実験1**で、1人の人が手を握られてから隣の人の手を握るまでに、刺激や命令の信号は、どのような経路で伝わったか。信号が伝わった順に記号を書きなさい。ただし、同じ記号を2度使ってもよいものとします。

(4) **実験2**の下線部の反応のように、刺激を受けて、意識とは無関係に起こる反応を何というか。答えなさい。

(5) 意識とは無関係に起こる反応は、意識して起こる反応と比べて、刺激を受けてから反応するまでの時間が短い。その理由を、図3を参考にして「外界からの刺激の信号が、」に続けて、「脳」、「せきずい」という2つのことばを用いて、簡潔に説明しなさい。

(6) 図4は、ヒトのうでの骨と筋肉のようすを示したものである。熱い物に触ってしまったとき、意識せずにとっさにうでを曲げて手を引っこめた。このとき、「うでを曲げる」という命令の信号が伝わった筋肉を、図4の**ア**、**イ**から選び、記号で答えなさい。

図4

(7) 意識とは無関係に起こる反応として適切なものを、**ア〜エ**から選び、記号で答えなさい。

**ア** ボールが飛んできて、「危ない」と思ってよけた。

**イ** 食べ物を口に入れると、だ液が出た。

**ウ** 後ろから名前を呼ばれ、振り向いた。

**エ** 目覚まし時計が鳴り、音を止めた。

# 生物のふえ方と遺伝、進化

（生物）

## 1 生物の成長と細胞分裂

① **細胞分裂**…1つの細胞が2つに分かれること。

② **体細胞分裂**…体をつくっている体細胞が分裂すること。

③ **染色体**…核の中にあるひものようなもの。細胞分裂が始まると現れる。

④ **生物の体の成長**

💡 **絶対おさえる！ 生物の体の成長**

☑ 生物の体は、体細胞分裂によって細胞の数がふえて、それぞれの細胞が大きくなることで、成長する。

▶ 植物の細胞分裂

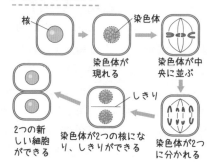

核 → 染色体が現れる → 染色体が中央に並ぶ → 染色体が2つに分かれる → 染色体が2つの核になり、しきりができる → 2つの新しい細胞ができる

## 2 生物のふえ方と染色体の伝わり方

① **生殖**…生物が同じ種類の新しい個体（子）をつくること。

② **無性生殖**…雌雄の親が関わらずに子をつくる生殖。

　・**分裂**…体が2つに分裂してふえる。

　　例 ゾウリムシ、ミカヅキモ、アメーバ、イソギンチャク、プラナリア。

　・**栄養生殖**…体の一部から新しい個体ができてふえる。

　　例 ジャガイモのいも（茎）、サツマイモのいも（根）、ヤマノイモのむかご（芽）、オランダイチゴのほふく茎（茎）、さし木、接ぎ木。

③ **無性生殖の染色体の伝わり方**…子は親の染色体をそのまま受け継ぐ。

④ **有性生殖**…雌雄の親が関わって子をつくる生殖。

⑤ **動物の有性生殖（カエルの発生）**…精子の核と卵の核が合体して受精卵ができる。受精卵は胚になり、成体になる。

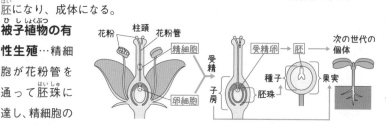

精子　受精　受精卵 → 胚

卵

おたまじゃくし

⑥ **被子植物の有性生殖**…精細胞が花粉管を通って胚珠に達し、精細胞の核と卵細胞の核が合体すると受精卵ができる。受精卵は胚になり、胚珠全体は種子になる。

花粉　柱頭　花粉管　精細胞　受精　受精卵 → 胚　次の世代の個体　種子　果実　子房　胚珠　卵細胞

⑦ **減数分裂**…生殖細胞がつくられるときに行われる、染色体の数が体細胞の半分になる細胞分裂。

⑧ **有性生殖の染色体の伝わり方**…子は両親から半分ずつ染色体を受け継ぐ。

📖 参考

無性生殖のうち、体の一部から芽が出るようにふくらみ、新しい個体ができるふえ方を出芽という。
例 酵母、ヒドラ、サンゴ。

📖 参考

動物の卵・精子、植物の卵細胞・精細胞のように、生殖のためにつくられる特別な細胞を生殖細胞という。

📖 参考

精子は雄の精巣、卵は雌の卵巣でつくられる。

📖 参考

動物では、受精卵が分裂を開始してから自分で食べ物をとることができる前までを胚という。

📖 参考

受精卵から新しい個体ができていく過程を発生という。

合格への
ヒント

● 減数分裂では、分裂後の染色体の数が半分になることに注意！
● 遺伝子が親、子、孫へと伝わるまでの図をかいて整理してみよう！

## 3 遺伝の規則性

❶ **形質**…生物がもつさまざまな形や性質。

❷ **遺伝**…親のもつ形質が子に伝わること。

❸ **遺伝子**…染色体の中にあり、形質を決定するもとになるもの。遺伝子の本体
　　　　は DNA（デオキシリボ核酸）である。

❹ **分離の法則**…対になっている遺伝子が減数分裂によってそれぞれ別々の生殖
　　　　細胞に入ること。

❺ **対立形質**…たがいに対をなす2つの形質。どちらか一方しか現れない形質の
　　　　こと。

❻ **顕性形質と潜性形質**…対立形質をもつ純系の親
　　　　どうしを交配させたときに、子に現れる形質を顕性
　　　　形質、子に現れない形質を潜性形質という。

　　・**純系**…世代を重ねても形質がすべて親と同じであ
　　　　るもの。

❼ **遺伝子の伝わり方（エンドウの種子の形）**

　　※種子を丸くする遺伝子を A、しわにする遺伝子を a とする。

　　・**親から子**…純系の丸い種子（AA）と純系のしわの
　　　　種子（aa）を交配すると、子はすべて丸い種子
　　　　（Aa）となる。

　　・**子から孫**…できた子の丸い種子（Aa）をまいて育
　　　　てて自家受粉させると、孫は丸い種子としわの種
　　　　子が3：1（AA：Aa：aa＝1：2：1）となる。

❽ **DNA（デオキシリボ核酸）**…染色体にふくまれる、
　　　　遺伝子の本体。

> 💡 発展
>
> 細胞の染色体には同じ形や
> 大きさのものが1対（2本）あ
> り、この染色体を相同染色体
> という。

▶ **親から子への遺伝子の伝わり方**

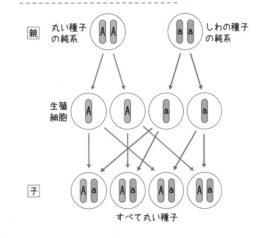

## 4 進化

❶ **進化**…長い年月をかけて、世代を重ね
　　る間に生物の体の特徴が変化す
　　ること。

　　・**始祖鳥**…は虫類と鳥類の特徴を
　　　合わせもっているため、鳥類
　　　はは虫類から進化した証拠と考
　　　えられている。

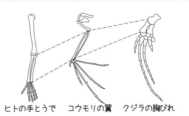

ヒトの手とうで　コウモリの翼　クジラの胸びれ

❷ **相同器官**…現在の形やはたらきは異なるが、基本的なつくりが同じで、もと
　　　　は同じものであったと考えられる器官。進化の証拠と考えられる。

# 確認問題

| 日付 | ／ | ／ | ／ |
|---|---|---|---|
| ○△× | | | |

**1** 図は前あしのはたらきをもつ、コウモリの翼、クジラのひれ、ヒトのうでについて、それぞれの骨格を示したものである。次の⑴、⑵の問いに答えなさい。
[2018岐阜]

⑴　コウモリ、クジラ、ヒトは、生活場所が異なり、前あしのはたらきが異なる。このように、現在の形やはたらきは異なっていても、もとは同じ器官であったと考えられるものを何というか。答えなさい。

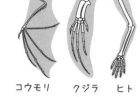

コウモリ　クジラ　ヒト

⑵　約1億5000万年前の地層から始祖鳥の化石が発見された。始祖鳥は、その体のつくりから、鳥類とあるグループの両方の特徴をもつと考えられる。そのグループとして最も適当なものを、次の**ア〜エ**から選び、記号で答えなさい。

**ア**　哺乳類　　　**イ**　は虫類　　　**ウ**　両生類　　　**エ**　魚類

**2** 右の図は、カエルの生殖と発生の一部を模式的に表したもので、Aは精子、Bは卵、Cは受精卵、D〜Fは受精卵が細胞分裂をくり返していくようすを示している。次の⑴、⑵の問いに答えなさい。

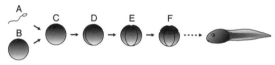

[2019青森]

⑴　Cが細胞分裂を始めてから、食物をとり始めるまでの間の個体を何というか、答えなさい。

⑵　A〜Fのそれぞれ1つの細胞にふくまれる染色体の数について述べたものとして適切なものを、次の**ア〜カ**の中からすべて選び、記号で答えなさい。

　**ア**　Bの染色体の数は、Aの染色体の数と同じである。

　**イ**　Cの染色体の数は、Bの染色体の数と同じである。

　**ウ**　Dの染色体の数は、Bの染色体の数の半分である。

　**エ**　Eの染色体の数は、Cの染色体の数の半分である。

　**オ**　Eの染色体の数は、Aの染色体の数の2倍である。

　**カ**　Fの染色体の数は、Eの染色体の数の2倍である。

**3** 図は、ある動物について、生殖細胞の形成から、受精卵が2細胞に分裂した胚になるまでの染色体の伝わり方を表した模式図である。雌の細胞、雄の細胞および2細胞に分裂した胚の細胞の染色体を図のように表したとき、図の　X　、Y　にあてはまる、それぞれの細胞にふくまれる適当な染色体を右の図にかきなさい。表し方については、図にならって記入しなさい。
[2021岡山]

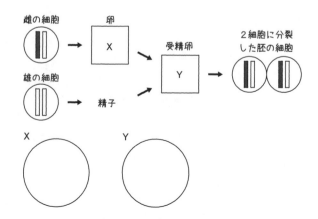

4 次の観察について、あとの問いに答えなさい。

[2021三重]

〈観察〉細胞分裂のようすについて調べるために、観察物として、種子から発芽したタマネギの根を用いて、次のⅠ、Ⅱの順序で観察を行った。

Ⅰ 次の方法でプレパラートをつくった。

1 タマネギの根を先端部分から5mm切りとり、スライドガラスにのせ、えつき針でくずす。

2 観察物に溶液Xを1滴落として、3分間待ち、ろ紙で溶液Xを十分に吸いとる。

3 観察物に<u>酢酸オルセイン溶液を1滴落として、5分間待つ</u>。

4 観察物にカバーガラスをかけてろ紙をのせ、根を押しつぶす。

Ⅱ Ⅰでつくったプレパラートを顕微鏡で観察した。右の図は、観察した細胞の一部をスケッチしたものである。

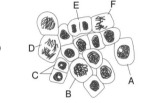

(1) Ⅰについて、次の①、②の問いに答えなさい。

① 溶液Xは、細胞を1つ1つはなれやすくするために用いる溶液である。この溶液Xは何か、最も適当なものを、次のア〜エから選び、記号で答えなさい。

ア ヨウ素溶液　　　イ ベネジクト溶液　　　ウ うすい塩酸　　　エ アンモニア水

② 下線部の操作を行う目的として最も適当なものを選び、記号で答えなさい。

ア 細胞の分裂を早めるため。　　　イ 細胞の核や染色体を染めるため。

ウ 細胞を柔らかくするため。　　　エ 細胞に栄養を与えるため。

(2) Ⅱについて、図のA〜Fは、細胞分裂の過程で見られる異なった段階の細胞を示している。図のA〜Fを細胞分裂の進む順に並べるとどうなるか、Aを最初として、B〜Fの記号を左から並べて書きなさい。

5 マメ科のエンドウの種子には丸粒としわ粒があり、丸粒の種子をつくる遺伝子がしわ粒の種子をつくる遺伝子に対して顕性であることがわかっている。丸粒のエンドウとしわ粒のエンドウを使って下のような実験を行った。ただし、丸粒の遺伝子をR、しわ粒の遺伝子をrとする。あとの問いに答えなさい。　　[2019沖縄]

〈実験〉　いつも丸粒の種子をつくるエンドウと、いつもしわ粒の種子をつくるエンドウでかけ合わせを行ったところ、得られた子の形質はすべて丸粒だった。得られた子を育て自家受粉させたところ、940個の種子が得られ、そのうち705個が丸粒、235個がしわ粒だった。

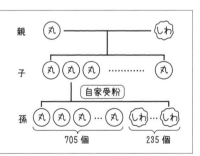

(1) 子がつくる花粉について、遺伝子Rをもつものと遺伝子rをもつものの割合はどのようになるか。最も簡単な整数比で答えなさい。

(2) 図における孫の種子のうち、遺伝子Rとrを両方もつ種子は何個あると考えられるか。

(3) 孫の丸粒の種子を1つとり出し、丸粒〔X〕とした。遺伝子の組み合わせを確かめるために、しわ粒とかけ合わせをしたい。〔X〕がもつ遺伝子がRrなら、かけ合わせの結果はどのような形質をもった種子がどのような割合で生じると考えられるか。次の2つのことばを用いて説明しなさい。

| 丸粒 | しわ粒 |
|---|---|

## 1 火山

❶ **マグマ**…地下にある岩石が高温でとけて
できたもの。**火山**はマグマが地表に噴き
出してできた山である。

❷ **火山噴出物**…噴火でうみ出されるもの。
溶岩、火山弾、軽石、火山れき、火山灰、
火山ガスなどがある。

・**溶岩**…マグマが地表に流れ出したもの。

・**火山灰**…噴火によって噴き出された軽
くて小さい粒。

❸ **鉱物**…マグマが冷えて結晶になったもの。無色鉱物を多くふくむ火山噴出物
は白っぽい色、有色鉱物を多くふくむ火山噴出物は黒っぽい色になる。

・**無色鉱物**…セキエイ、チョウ石。

・**有色鉱物**…クロウンモ、カクセン石、キ石、カンラン石など。

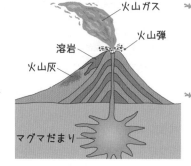

火山ガス
火山弾
溶岩
火山灰
マグマだまり

📖 参考

地下深くでできたマグマは、上昇して、地下10km以内のマグマだまりに一時的にたくわえられている。

⚠️ 注意

マグマが地表に流れ出した液体状のものだけでなく、冷え固まったものも溶岩という。

📖 参考

・火山れきと火山灰は粒の大きさで区別される。直径2mm以下の粒は火山灰である。
・火山ガスは、おもに水蒸気で、二酸化炭素や硫化水素などもふくまれている。

▶ **鉱物の種類とおもな特徴**

| 鉱物 | 無色鉱物 | | 有色鉱物 | | | |
|---|---|---|---|---|---|---|
| | セキエイ | チョウ石 | クロウンモ | カクセン石 | キ石 | カンラン石 |
| 鉱物 | 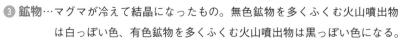 | | | | | |
| 特徴 | 無色か白色 不規則に割れる | 白色、うすい桃色 決まった方向に割れる | 黒色 決まった方向にうすくはがれる | 緑黒色か暗褐色 長い柱状 | 暗緑色 短い柱状 | 緑褐色から茶褐色 小さく不規則な形の粒 |

## ❹ マグマのねばりけと火山のようす

・マグマのねばりけが**強い**…ドーム状の形をしており、激しく爆発的な噴火に
なることが多い。火山灰や溶岩の色は白っぽい。

・マグマのねばりけが**弱い**…傾斜がゆるやかな形をしており、比較的おだやか
な噴火になることが多い。火山灰や溶岩の色は黒っぽい。

| 火山の形 | ドーム状の形 | 円すいの形 | 傾斜がゆるやかな形 |
|---|---|---|---|
| マグマのねばりけ | 強い | ← → | 弱い |
| 噴火のようす | 激しい | ← → | おだやか |
| 火山噴出物の色 | 白っぽい | ← → | 黒っぽい |
| 例 | 昭和新山、平成新山 | 桜島、浅間山 | マウナロア、キラウエア |

- マグマのねばりけと、火山の形や噴火のようすの関係をおさえよう！
- 火山岩と深成岩のでき方とつくりを整理しておこう！

## 2 火成岩

❶ **火成岩**…マグマが冷え固まってできた岩石。マグマの冷え方のちがいで、火山岩と深成岩がある。

❷ **火山岩**…マグマが地表や地表付近で急に冷え固まってできた火成岩。

・**斑状組織**…火山岩に見られる、**石基**（形がわからないほど小さな鉱物やガラス質の部分）の中に**斑晶**（比較的大きな鉱物）が散らばっているつくり。

　例 流紋岩、安山岩、玄武岩。

❸ **深成岩**…マグマが地下深くでゆっくり冷え固まってできた火成岩。

・**等粒状組織**…深成岩に見られる、ほぼ同じ大きさの鉱物が組み合わさってできているつくり。

　例 花こう岩、せん緑岩、斑れい岩。

▶ 火山岩のつくり

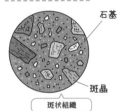

石基

斑晶

斑状組織

📖 参考
石基は、マグマが急に冷えたため、結晶になれなかった部分。

▶ 深成岩のつくり

等粒状組織

## 💡 絶対おさえる！ 火成岩のつくり

☑ 火山岩は、**石基**の中に**斑晶**が散らばっている**斑状組織**。
☑ 深成岩は、ほぼ同じ大きさの鉱物が集まっている**等粒状組織**。

❹ **いろいろな火成岩**

無色鉱物を多くふくむ火成岩は白っぽい色、有色鉱物を多くふくむ火成岩は黒っぽい色になる。

| 火山岩 | 流紋岩 | 安山岩 | 玄武岩 |
|---|---|---|---|
| 深成岩 | 花こう岩 | せん緑岩 | 斑れい岩 |
| ふくまれる鉱物の割合 | セキエイ　無色鉱物　クロウンモ | チョウ石　カクセン石　キ石 | 有色鉱物　カンラン石 |
| 色 | 白っぽい　←――――――――→　黒っぽい | | |
| マグマのねばりけ | 強い　←――――――→　弱い | | |

📖 参考
チョウ石は、すべての火成岩にふくまれている。

# 確認問題

| 日付 | / | / | / |
|---|---|---|---|
| ○△× | | | |

**1** 火山について、次の(1)、(2)の問いに答えなさい。

[2020石川]

(1) 火山岩をルーペで観察すると、**図1**のように、比較的大きな鉱物が、肉眼では形がわからないほどの小さな鉱物に囲まれていることがわかる。このような岩石のつくりを何というか、書きなさい。

(2) **図2**のように、傾斜がゆるやかな形の火山が形成されたときの噴火のようすと溶岩の色について述べたものはどれか、最も適当なものを、次の**ア～エ**から選び、記号で答えなさい。

**ア** 噴火のようすは激しく爆発的で、溶岩の色は白っぽい。

**イ** 噴火のようすは激しく爆発的で、溶岩の色は黒っぽい。

**ウ** 噴火のようすはおだやかで、溶岩の色は白っぽい。

**エ** 噴火のようすはおだやかで、溶岩の色は黒っぽい。

図1

図2

**2** 下の表は、マグマが冷えて固まってできた岩石A、Bの断面をルーペで観察し、その結果をまとめたものである。これについて、あとの(1)～(3)の問いに答えなさい。

[2018島根]

| | 岩石A | 岩石B |
|---|---|---|
| スケッチ | 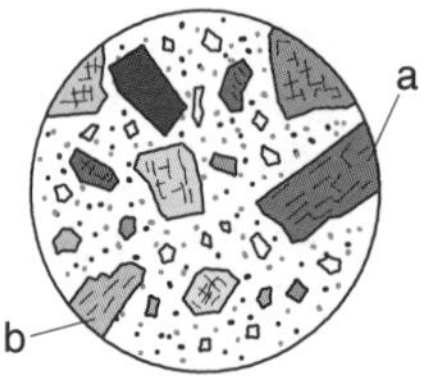  |  |
| 岩石のつくり | 形がわからないほど小さな粒やガラス状のものの間に比較的大きな鉱物の結晶が散らばっている。 | やや角ばった大きな結晶ががっしりと組み合わさっている。 |
| ふくまれるおもな鉱物 | 無色鉱物のチョウ石が多くふくまれ、有色鉱物のカクセン石も見られる。 | 無色鉱物のセキエイやチョウ石を多くふくみ、有色鉱物のクロウンモも見られる。 |
| 岩石の色 | 黒っぽい | 白っぽい |

(1) 表の岩石Aのスケッチに見られる**a**や**b**のような比較的大きな鉱物の結晶をまとめて何というか、その名称を答えなさい。

(2) 岩石**B**の名称は何か、最も適当なものを、次の**ア～エ**から選び、記号で答えなさい。

**ア** 流紋岩　　**イ** 玄武岩　　**ウ** 斑れい岩　　**エ** 花こう岩

(3) 岩石Aと岩石Bのつくりがちがうのはなぜか、マグマの冷え方にふれながら、それぞれの岩石のでき方について説明しなさい。

**3** 火山灰層から採取した火山灰を調べた〔調査〕について、あとの(1)～(5)の問いに答えなさい。　〔2019宮城〕

〔調査〕

Ⅰ　異なる火山に由来する2つの火山灰層から
それぞれ火山灰を採取し、火山灰**A**と火山灰**B**
とした。

Ⅱ　火山灰**A**、**B**をそれぞれ少量ずつとり、<u>鉱物
の観察をしやすくするための操作</u>をした。

Ⅲ　双眼実体顕微鏡を用いて火山灰**A**、**B**を観察
し、ふくまれる鉱物の色や形のちがいを見分け
て**図1**のように記録した。このとき、鉱物には、
黒色、緑褐色などの有色鉱物と、無色、白色、
灰色などの無色鉱物があることを確認した。

Ⅳ　火山灰**A**、**B**にふくまれる鉱物の種類や割合
を調べると、**図2**に示した火成岩にふくまれる
鉱物の種類や割合と似ていることがわかった。

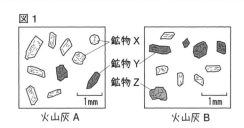

図1

鉱物 X
鉱物 Y
鉱物 Z

火山灰 A　　　火山灰 B

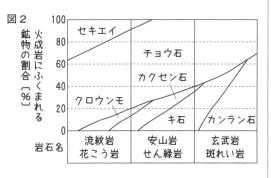

図2

(1)　火山灰や火山ガス、溶岩などのように、火山の噴火にともなって火口から噴き出るものをまとめて何とい
うか、答えなさい。

(2)　はなれた場所にある2つの地層に火山灰層が見られるとき、それらの火山灰層を調べることで、2つの地
層が同じ年代であるかどうかを知る手がかりになる。火山灰層が手がかりになる理由として、最も適当なも
のを、次の**ア**～**エ**から選び、記号で答えなさい。

**ア**　過去に起きた噴火であるほど火山灰層がうすくなるから。

**イ**　火山灰が、広い範囲にほぼ同時に降り積もるから。

**ウ**　同じ火山から噴き出た火山灰の性質は、つねに同じだから。

**エ**　噴火した火山に近いほど火山灰層が厚くなるから。

(3)　Ⅱの下線部で行った操作として最も適当なものを、次の**ア**～**エ**から選び、記号で答えなさい。

**ア**　蒸発皿に火山灰を入れ、水を加えて、指で押し洗いをする。

**イ**　スライドガラスに火山灰をのせ、酢酸カーミンをたらす。

**ウ**　ステンレス皿に火山灰を入れ、ガスバーナーで加熱する。

**エ**　乳鉢に火山灰を入れ、乳棒を使ってすりつぶす。

(4)　**図1**において、鉱物**X**は不規則な形をした無色鉱物で、火山灰**A**にだけ見られ、鉱物**Y**は長い柱状をした
有色鉱物で、火山灰**A**と火山**B**のどちらにも見られた。また、鉱物**Z**は丸みのある不規則な形をした有色鉱
物で、火山灰**B**にだけ見られた。鉱物**X**、鉱物**Y**、鉱物**Z**の名称として、最も適当なものを、次の**ア**～**エ**か
ら選び、記号で答えなさい。

**ア**　セキエイ　　　　**イ**　クロウンモ　　　**ウ**　チョウ石

**エ**　カクセン石　　　**オ**　カンラン石

(5)　火山灰**A**は、火山灰**B**を噴き出した火山よりも、爆発的で激しい噴火を起こした火山から噴き出たものと
考えられる。その理由を、〔調査〕をもとに、ねばりけという語句を用いて簡潔に述べなさい。

# 24 地学 地震

## 1 地震

① **震源**…地震が発生した場所。

② **震央**…震源の真上の地点。

③ **初期微動**…P波によって起こる、はじめの小さなゆれ。

④ **主要動**…S波によって起こる、あとからくる大きなゆれ。

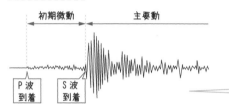

▶ 地震計の記録

> 初期微動　　　主要動
>
> P波到着　S波到着

> P波とS波は同時に発生するが、P波のほうがS波よりも伝わる速さが速いため、先に到着する。

> [参考] 地震のゆれは、震央を中心に同心円状に伝わる。

> [発展] P波は波が伝わる方向に振動する縦波、S波は波が伝わる方向とは直角に振動する横波である。

⑤ **波の伝わる速さ**

> 💡 **絶対おさえる！ 波の伝わる速さ**
>
> ☑ 波の伝わる速さ〔km/s〕＝ $\dfrac{震源からの距離〔km〕}{伝わるのにかかった時間〔s〕}$

> [参考] 緊急地震速報は、P波とS波の速さのちがいを利用して、S波の到着時刻を予想している。

⑥ **初期微動継続時間**…初期微動が始まってから、主要動が始まるまでの時間。P波とS波の到着時刻の差で求めることができる。

> 💡 **絶対おさえる！ 初期微動継続時間と震源からの距離**
>
> ☑ 震源からの距離が大きくなると、初期微動継続時間は**長く**なる。

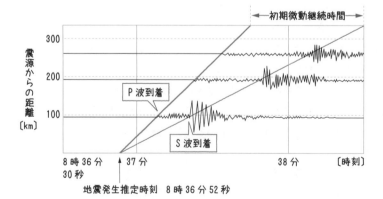

> 初期微動継続時間

> 震源からの距離〔km〕
>
> P波到着　S波到着
>
> 8時36分30秒　37分　38分〔時刻〕
>
> 地震発生推定時刻　8時36分52秒

> [参考] 震度は0〜7（5と6は弱と強に分けられる）の10段階で表す。

> [注意] 土地のつくりによって、震央からの距離が同じでも、震度が異なることがある。

⑦ **震度**…観測地点でのゆれの大きさを表したもの。ふつう、震央に近いほど**大きい**。

⑧ **マグニチュード（記号：M）**…地震そのものの規模を表す値。ふつう、マグニチュードが大きいほど、強いゆれが起こる範囲が**広く**なる。

> [参考] マグニチュードの値が1大きくなると、地震のエネルギーの大きさが約32倍、2大きくなると1000倍になる。

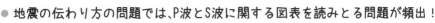

合格への
ヒント

● 地震の伝わり方の問題では、P波とS波に関する図表を読みとる問題が頻出！
● プレートの動きと震源の分布の関係をおさえておこう！

## 2 地震が起こる場所

❶ **プレートと断層**…プレートとよばれる地球の表面にある分厚い岩盤が少しずつ動き、プレートに加わった力がひずみとなって、断層（ずれ）ができると同時に地震が起こる。

❷ **日本列島付近で地震が起こる場所**

・震源（震央）の分布…太平洋側にある日本海溝から日本列島の間に多く分布している。

・震源の深さ…日本海溝（太平洋側）から大陸側（日本海側）に向かって**深く**なっている。日本列島の地下では浅くなっている。

▶ 日本列島付近のプレート

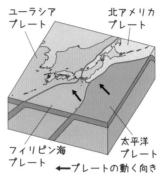

ユーラシアプレート　北アメリカプレート

フィリピン海プレート　太平洋プレート

← プレートの動く向き

📖 参考

日本列島付近には、大陸プレート（ユーラシアプレート、北アメリカプレート）と海洋プレート（太平洋プレート、フィリピン海プレート）がある。

▶ 震央の分布

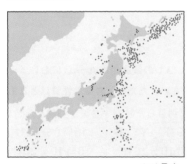

・印は震央

▶ プレートの動きと震源の深さ

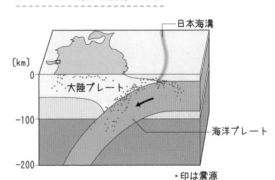

日本海溝

〔km〕

大陸プレート

海洋プレート

・印は震源

❸ **内陸型地震**…プレートの内部で起こる地震で、**活断層**（くり返し活動する可能性がある断層）のずれによって起こる。

❹ **海溝型地震**…海溝付近で起こる地震で、プレートのずれによって生じる。海底の変形により、**津波**が発生することがある。

📖 参考

・内陸型地震の例
　1995年兵庫県南部地震
　2008年岩手・宮城内陸地震
　2016年熊本地震

・海溝型地震の例
　2011年東北地方太平洋沖地震

▶ 海溝型地震のしくみ

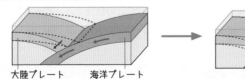

大陸プレート　海洋プレート

海洋プレートが大陸プレートの下に沈みこみ、大陸プレートの先端が引きずりこまれる。

大陸プレートがもとにもどろうとして、地震が起こる。

❺ **地震による大地の変化**

地震などによって、大地がもち上がることを**隆起**、大地が沈むことを**沈降**という。

# 確認問題

解答解説 ➡ 別冊 P.021

| 日付 | ／ | ／ | ／ |
|---|---|---|---|
| ○△× | | | |

**1** 地震について、次の(1)〜(3)の問いに答えなさい。　　　　　　　　　　　　　　　　[2020高知]

(1) 次の文は、地震によるゆれの大きさを表す震度について述べたものである。文中の　X　・　Y　にあてはまる数字をそれぞれ書きなさい。

> 日本では現在、震度は、人がゆれを感じない震度0から最大の震度　X　までの　Y　段階に分けられている。

(2) 地震により発生したP波とS波の伝わる速さと、P波とS波によるゆれの大きさについて述べた文として最も適当なものを、次の**ア〜エ**から選び、記号で答えなさい。

**ア** 伝わる速さはP波のほうがS波より速く、ゆれの大きさはP波のほうがS波より大きい。

**イ** 伝わる速さはP波のほうがS波より速く、ゆれの大きさはS波のほうがP波より大きい。

**ウ** 伝わる速さはS波のほうがP波より速く、ゆれの大きさはP波のほうがS波より大きい。

**エ** 伝わる速さはS波のほうがP波より速く、ゆれの大きさはS波のほうがP波より大きい。

(3) 地震の規模の大きさを表す尺度を何というか、書きなさい。

**2** ある日の15時すぎに、ある地点の地表付近で地震が発生した。表は、3つの観測地点A〜Cにおけるそのときの記録の一部である。これについて、次の(1)〜(5)の問いに答えなさい。ただし、岩盤の性質はどこも同じで、地震のゆれが伝わる速さは、ゆれが各観測地点に到達するまで変化しないものとする。　　[2022富山]

| 観測地点 | 震源からの距離 | P波が到着した時刻 | S波が到着した時刻 |
|---|---|---|---|
| A | （ X ）km | 15時9分（ Y ）秒 | 15時9分58秒 |
| B | 160km | 15時10分10秒 | 15時10分30秒 |
| C | 240km | 15時10分20秒 | 15時10分50秒 |

(1) P波によるゆれを何というか、書きなさい。

(2) 地震の発生した時刻は15時何分何秒と考えられるか、求めなさい。

(3) 表の（ X ）、（ Y ）にあてはまる値をそれぞれ求めなさい。

(4) 次の文は地震について説明したものである。文中の①、②の（　　）の中から適当なものをそれぞれ選び、記号で答えなさい。

> 震源の深さが同じ場合には、マグニチュードが大きい地震のほうが、震央付近の震度が①（**ア**　大きくなる　**イ**　小さくなる）。また、マグニチュードが同じ地震の場合には、震源が浅い地震のほうが、強いゆれが伝わる範囲が②（**ウ**　せまくなる　　**エ**　広くなる）。

(5) 日本付近の海溝型地震が発生する直前までの、大陸プレートと海洋プレートの動く方向を表したものとして、最も適当なものを、右の**ア〜エ**から選び、記号で答えなさい。

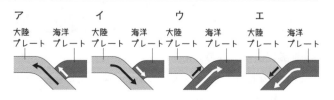

3 気象庁のWebサイトのデータを活用して、日本列島付近で発生した地震について調べた。**図1**は、図2の地点Xを震央とする地震が起きたときの、地点Aでの地震計の記録である。**表**は、この地震を観測した地点A、Bについて、震源からの距離と、小さなゆれと大きなゆれが始まった時刻をまとめたものである。ただし、地震のゆれを伝える2種類の波はそれぞれ**一定の速さ**で伝わるものとする。次の(1)～(5)の各問いに答えなさい。

[2020奈良]

図1

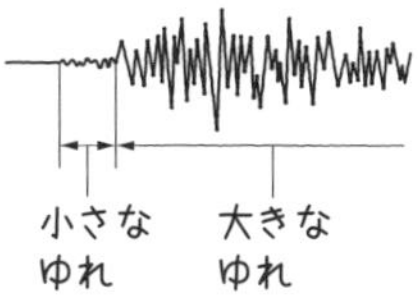

図2

| 地点 | 震源からの距離 | 小さなゆれが始まった時刻 | 大きなゆれが始まった時刻 |
|---|---|---|---|
| A | 150km | 15時15分59秒 | 15時16分14秒 |
| B | 90km | 15時15分49秒 | 15時15分58秒 |

(1) **図1**のように、小さなゆれのあとにくる大きなゆれを何というか。その用語を書きなさい。また、小さなゆれのあとに大きなゆれが観測される理由として最も適当なものを、次の**ア**～**エ**から選び、記号で答えなさい。

**ア** 震源ではP波が発生したあとにS波が発生し、どちらも伝わる速さが同じであるため。

**イ** 震源ではP波が発生したあとにS波が発生し、P波のほうがS波より伝わる速さが速いため。

**ウ** 震源ではS波が発生したあとにP波が発生するが、P波のほうがS波より伝わる速さが速いため。

**エ** 震源ではP波もS波も同時に発生するが、P波のほうがS波より伝わる速さが速いため。

(2) この地震が発生した時刻は15時何分何秒か。表から考えられる、その時刻を求めなさい。

(3) 調べた地震のマグニチュードの値は7.6であった。マグニチュード7.6の地震のエネルギーは、マグニチュード5.6の地震のエネルギーの約何倍になるか。最も適当なものを、次の**ア**～**エ**から選び、記号で答えなさい。

**ア** 約2倍 **イ** 約60倍 **ウ** 約1000倍 **エ** 約32000倍

(4) **図3**は、2013年から2017年の間に、この地域で起きたマグニチュード5.0以上の規模の大きな地震について、震央の位置を○で示したものである。また、**図4**は、**図3**に表す地域の大陸プレートと海洋プレートを模式的に表したものである。**図3**で規模の大きな地震が太平洋側に集中しているのはなぜか。その理由を「沈みこむ」のことばを用いて簡潔に書きなさい。

図3

図4

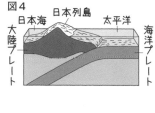

(5) 地震によって起こる現象や災害対策について述べたものとして最も適当なものを、次の**ア**～**エ**から選び、記号で答えなさい。

**ア** 地震にともない海底が大きく変動することにより、津波が起こる。

**イ** 地震のゆれによって、地面がとけてマグマになる現象を液状化現象という。

**ウ** 科学技術の発展により災害への対策は進歩しているため、今日では地震が起こったときの行動を考える必要はない。

**エ** 地震が発生する前に震源を予測し、発表されるのが緊急地震速報である。

地学
# 地層と堆積岩

## 1 ▶ 大地の変動

❶ **隆起**…土地がもち上がること。

❷ **沈降**…土地が沈むこと。

❸ **しゅう曲**…地層を押し縮めるような大きな力が長い期間加わったことによって、ゆっくりと波を打つように曲げられたもの。

❹ **断層**…大きな力が加わり、土地がずれたもの。加わった力の向きでずれる向きが変わる。

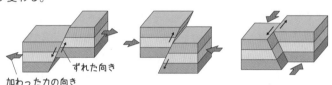
ずれた向き
加わった力の向き

加わった力の向き

## 2 ▶ 地層

❶ **風化**…長い間の気温の変化や水のはたらきなどによって、岩石の表面がぽろぽろにくずれること。

❷ **地層をつくるはたらき**

・**侵食**…風化によってできた土砂が風や雨によってけずられること。

・**運搬**…けずられた土砂が、水の流れなどによって運ばれること。

・**堆積**…水の流れがゆるやかなところで、運ばれてきた土砂が水底などに積もること。

❸ **れき・砂・泥**…粒の大きさで区別される。

| | れき | 砂 | 泥 |
|---|---|---|---|
| 粒の大きさ | 2mm以上 | 2mm～$\frac{1}{16}$mm | $\frac{1}{16}$mm以下 |

❹ **地層のでき方**…土砂が水底などで堆積すると地層ができる。

> 💡 **絶対おさえる！ 地層の特徴**
>
> ☑ 粒の小さいものほど遠くまで運ばれるので、海岸から遠いほど粒は小さくなる。
> ☑ 粒の大きいものほどはやく沈むので、1つの地層では下の層ほど粒が大きい。
> ☑ 重なっている地層では、下の層ほど古い。

▶ 地層のでき方

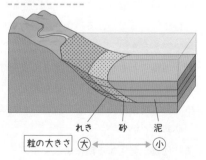
れき　砂　泥
粒の大きさ 大 ←→ 小

❺ **露頭**…水底にできた地層や岩石などが隆起して、がけなどで見られるようになったもの。

❻ **鍵層**…遠くはなれた場所でも、それぞれの地層を比べ、同じ時期にできたものであると推測できる地層。火山灰の層などが鍵層として利用できる。

**3 〈 堆積岩**

❶ **堆積岩**…堆積した土砂が、長い年月をかけて押し固められたもの。

❷ **堆積岩の種類**

・れき岩…れきが押し固められてできた堆積岩。流れる水のはたらきで角がけずられて、粒は**丸みを帯びている**。

・砂岩…砂が押し固められてできた堆積岩。流れる水のはたらきで角がけずられて、粒は**丸みを帯びている**。

・泥岩…泥が押し固められてできた堆積岩。流れる水のはたらきで角がけずられて、粒は**丸みを帯びている**。

・石灰岩…生物の遺骸が押し固められてできた堆積岩。うすい塩酸をかけると気体（二酸化炭素）が発生する。

・チャート…生物の遺骸が押し固められてできた堆積岩。うすい塩酸をかけても気体は発生しない。非常にかたく、鉄のハンマーでたたくと、火花が出る。また、鉄くぎで引っかいても傷がつかない。

・凝灰岩…火山灰や火山れきなどの火山噴出物が押し固められてできた堆積岩。粒は角張っている。

◀ 🔍 発展

石灰岩は炭酸カルシウム、チャートは二酸化ケイ素を多くふくんでいる。

**4 〈 化石**

❶ **化石**…土砂の堆積で生物の遺骸やすみ跡などが埋められて、長い年月の間、地層の中に残されたもの。

❷ **示相化石**…**地層が堆積した当時の環境を推定するのに役立つ化石**。限られた環境でしか生息できない生物の化石が示相化石となる。

| 示相化石 | 環境 |
|---|---|
| アサリ | 浅い海 |
| サンゴ | あたたかくて浅い海 |
| シジミ | 河口や湖 |
| ブナ | やや寒冷な気候 |

❸ **示準化石**…**地層が堆積した時代（地質年代）を推定するのに役立つ化石**。広い範囲に生息しており、限られた期間にだけ栄えた生物の化石が示準化石となる。

・地質年代は、古いほうから順に古生代、中生代、新生代に分けられている。

| 地質年代 | 示準化石 |
|---|---|
| 古生代 | フズリナ、サンヨウチュウ |
| 中生代 | アンモナイト、恐竜 |
| 新生代 | ビカリア、マンモス、メタセコイア |

# 確認問題

| 日付 | ／ | ／ | ／ |
|---|---|---|---|
| ○△× | | | |

**1** **図1は、ボーリング調査が行われた地点A、B、C、Dとその標高を示す地図であり、図2は、地点A、B、Cの柱状図である。なお、この地域に凝灰岩の層は一つしかなく、地層の上下逆転や断層は見られず、各層は平行に重なり、ある一定の方向に傾いていることがわかっている。これについて、次の(1)〜(4)の問いに答えなさい。**

〔2021 栃木〕

図１

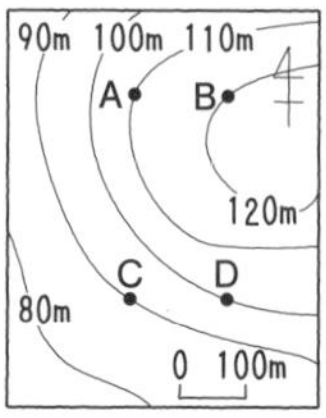


図２

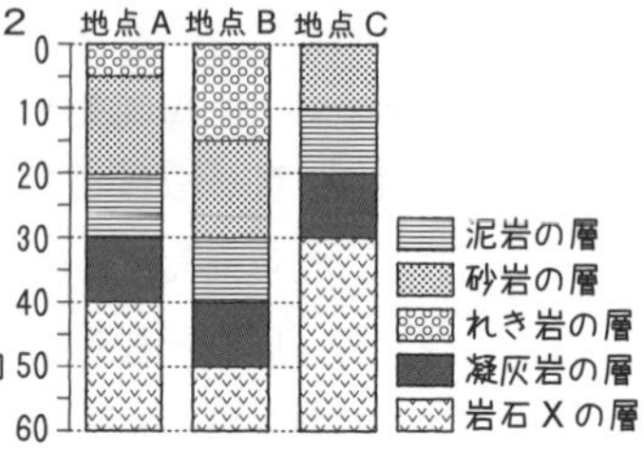


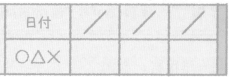

(1)　地点Aの砂岩の層からアンモナイトの化石が見つかったことから、この層ができた地層年代を推定できる。このように地層ができた年代を知る手がかりとなる化石を何というか。

(2)　採集された岩石Xの種類を見分けるためにさまざまな方法で調べた。次の［　　］内の文章は、その結果をまとめたものである。①にあてはまる語を(　　)の中から選んで書きなさい。また、②にあてはまる岩石名を書きなさい。

> 岩石Xの表面をルーペで観察すると、等粒状や斑状の組織が確認できなかったので、この岩石は①(火成岩・堆積岩)であると考えた。そこで、まず表面をくぎでひっかいてみると、かたくて傷がつかなかった。次に、うすい塩酸を数滴かけてみると、何の変化も見られなかった。これらの結果から、岩石Xは(　②　)であると判断した。

(3)　この地域はかつて海の底であったことがわかっている。地点Bの地表から地下40mまでの層の重なりのようすから、水深はどのように変化したと考えられるか。粒の大きさに着目して、簡潔に書きなさい。

(4)　地点Dの層の重なりを図2の柱状図のように表したとき、凝灰岩の層はどの深さにあると考えられるか。右の図に■のようにぬりなさい。

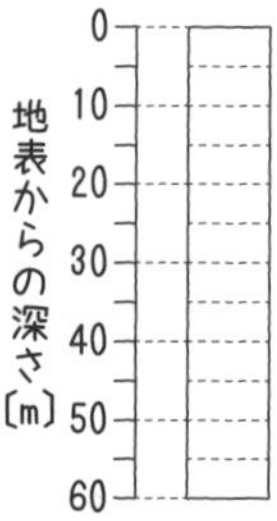


**2** **右の図は、断層をふくむある地層を模式的に示したものであり、図中のD層からアンモナイトの化石が見つかったことから、この層は中生代に堆積したと推定されている。このとき、(1)アンモナイトの化石のように、地層が堆積した年代を推定できる化石を何というか。また、(2)図中のA層〜C層のそれぞれの層が堆積したことと、断層ができたことはどのような順序で起こったか。(1)、(2)の組み合わせとして最も適当なものを、次のア〜エから選び、記号で答えなさい。ただし、地層は逆転しないものとする。**

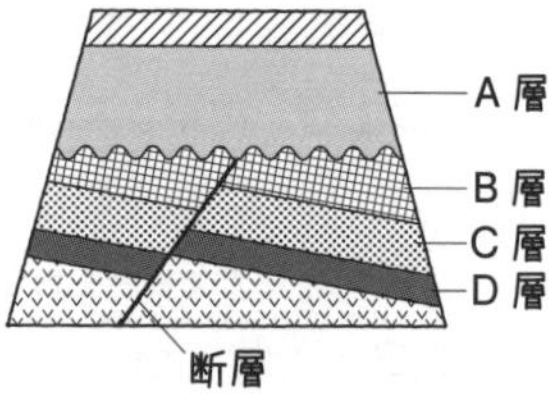


〔2022 神奈川〕

**ア**　(1)：示相化石　(2)：C層、B層、A層の順に堆積したあと、断層ができた。
**イ**　(1)：示相化石　(2)：C層、B層の順に堆積したあと、断層ができ、その後、A層が堆積した。
**ウ**　(1)：示準化石　(2)：C層、B層、A層の順に堆積したあと、断層ができた。
**エ**　(1)：示準化石　(2)：C層、B層の順に堆積したあと、断層ができ、その後、A層が堆積した。

**③** ユウキさんは、学校の近くに図のような地層が表面に現れているところがあることを知り、自分たちの住む大地がどのようにできたかを調べようとして、地層のようすを観察した。これについて、あとの(1)～(4)の問いに答えなさい。

[2022島根]

観察結果

・地層は、ほぼ水平に重なっていた。

・断層やしゅう曲は見られなかった。

・火山灰が降り積もったようすは見られなかった。

・地表の岩石の中には、風化で表面がくずれているものがあった。

・A層とC層とE層は砂岩、D層は泥岩、F層はれき岩であることがわかった。

・B層でサンゴの化石が見つかった。

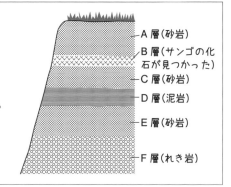

A 層(砂岩)
B 層(サンゴの化石が見つかった)
C 層(砂岩)
D 層(泥岩)
E 層(砂岩)
F 層(れき岩)

(1) 泥岩、砂岩、れき岩にふくまれている粒に共通する特徴について簡潔に答えなさい。

(2) B層から岩石を採取して持ち帰り、調べたところ石灰岩であると判断した。そのように判断した理由として最も適当なものを、次の**ア～エ**から選び、記号で答えなさい。

**ア** 岩石を鉄のハンマーでたたくと、鉄がけずれて火花が出るほどかたかったから。

**イ** 岩石を鉄のハンマーでくだくと、粒は黒っぽい色をしていたから。

**ウ** 岩石にうすい塩酸をかけると、とけて気体が発生したから。

**エ** 岩石をルーペで観察すると、ふくまれている粒の大きさが2mm以上あったから。

(3) B層でサンゴの化石が見つかったことからB層が堆積した当時の環境を推定できる。そのことを説明した次の文章の　**X**　にあてはまる語句として最も適当なものを、あとの**ア～エ**から選び、記号で答えなさい。また、　**Y**　にあてはまる最も適当な語を漢字で答えなさい。

B層で見つかったサンゴの化石を手がかりに、B層が堆積した当時の環境は　**X**　であったと推定できる。このように、その地層が堆積した当時の環境を知ることのできる化石を　**Y**　という。

**ア** あたたかくて浅い海　　**イ** あたたかくて深い海

**ウ** 冷たくて浅い海　　　**エ** 冷たくて深い海

(4) F層からD層が堆積した期間について、推定される観察地点のようすと、そのように判断した理由の組み合わせとして最も適当なものを、次の**ア～エ**から選び、記号で答えなさい。

|  | 観察地点のようす | 理由 |
|---|---|---|
| **ア** | はじめは海岸から遠く、その後じょじょに近くなっていった。 | 上の地層ほど粒が大きくなっているから。 |
| **イ** | はじめは海岸から遠く、その後じょじょに近くなっていった。 | 上の地層ほど粒が小さくなっているから。 |
| **ウ** | はじめは海岸から近く、その後じょじょに遠くなっていった。 | 上の地層ほど粒が大きくなっているから。 |
| **エ** | はじめは海岸から近く、その後じょじょに遠くなっていった。 | 上の地層ほど粒が小さくなっているから。 |

# 26 気象観測と雲のでき方

## 1 気象観測

❶ **気象要素**…気圧や気温、湿度、風向、風速、風力、雲量、雨量などの、大気のようすを表すもの。

・**気圧**…気圧計を用いる。単位はヘクトパスカル（記号：hPa）。1 気圧＝約 1013hPa

・**気温**…地上から約 1.5 mの高さで、温度計の球部に直射日光が当たらないようにしてはかる。乾湿計の乾球温度計の示度を読みとる。

・**湿度**…乾湿計の示度と湿度表から読みとる。

・**風向**…風のふいてくる方向。16 方位で表す。

・**風力**…風速計や風力階級表で調べる。

・**雲量**…空全体を 10 としたとき、雲が空をしめる割合。天気は雲量で決まる。

0〜1：快晴、2〜8：晴れ、9〜10：くもり

▶ **湿度表**

| 乾球の示度〔℃〕 | 乾球と湿球の示度の差〔℃〕 | | | | |
|---|---|---|---|---|---|
| | 0 | 0.5 | 1.0 | 1.5 | 2.0 |
| 20 | 100 | 95 | 91 | 86 | 81 |
| 19 | 100 | 95 | 90 | 85 | 81 |
| 18 | 100 | 95 | 90 | 85 | 80 |
| 17 | 100 | 95 | 90 | 85 | 80 |
| 16 | 100 | 95 | 89 | 84 | 79 |

乾球の示度：17.0℃
湿球の示度：15.0℃
のときの湿度

❷ **天気図記号**…天気、風向、風力を表したもの。

▶ **天気記号**

| 天気 | 快晴 | 晴れ | くもり | 雨 | 雪 |
|---|---|---|---|---|---|
| 天気記号 | ○ | ◐ | ◎ | ● | ⊗ |

▶ **天気図記号**

風向
風力
天気

天気：くもり
風向：北東
風力：3

## 2 圧力と大気圧

❶ **圧力**…一定面積あたりの面を垂直に押す力の大きさ。単位はパスカル（記号：Pa）やニュートン毎平方メートル（記号：N /m²）。1 Pa ＝ 1 N /m²

💡 **絶対おさえる！ 圧力の求め方**

☑ $圧力〔Pa〕＝\dfrac{力の大きさ〔N〕}{力がはたらく面積〔m^2〕}$

❷ **大気圧（気圧）**…大気の重さによって生じる圧力。上空にいくほど小さくなる。

❸ **等圧線**…気圧が等しいところを結んだ線。

❹ **風のふき方**…気圧の高いところから低いところに向かってふく。風の強さは、等圧線の間隔がせまいほど強くなる。

❺ **高気圧と低気圧**…等圧線が閉じていて、まわりより気圧が高いところを高気圧、低いところを低気圧という。

💡 **絶対おさえる！ 高気圧・低気圧の風と天気**

☑ **高気圧**…中心付近で**下降気流**が生じ、**時計回り**に風がふき出す。中心付近では**晴れる**ことが多い。

☑ **低気圧**…中心付近で**上昇気流**が生じ、**反時計回り**に風がふきこむ。中心付近では**くもりや雨**になることが多い。

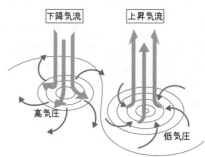

下降気流　上昇気流
高気圧　低気圧

> ● 高気圧と低気圧の気流と回転の向きは、混同しやすいので要注意。
> ● 湿度の計算は表やグラフの問題が頻出なので、練習しておこう！

## 3 大気中の水蒸気

❶ **飽和水蒸気量**…空気1 m³中にふくむことができる水蒸気量。単位はグラム毎立方メートル（記号：g /m³）。

❷ **湿度**…空気1 m³中にふくまれている水蒸気量の、その温度での飽和水蒸気量に対する割合を百分率で表したもの。

### 💡 絶対おさえる！ 湿度の求め方

☑ 湿度〔％〕＝ $\dfrac{空気1 m^3中にふくまれる水蒸気量〔g /m^3〕}{その温度での飽和水蒸気量〔g /m^3〕}$ ×100

❸ **露点**…空気中の水蒸気が冷やされて水滴になるときの温度。ふくんでいる水蒸気量が多いほど、露点は高くなる。露点のときの湿度は100％である。

▶ 露点と飽和水蒸気量の関係

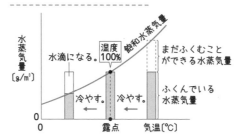

📖参考

水蒸気が水滴に変化することを凝結という。

## 4 雲のでき方

❶ **雲のでき方**

・上昇気流などで空気のかたまりが上昇する。

・まわりの気圧が下がり、空気が膨張して温度が下がる。

・温度が露点に達すると水滴ができ始める（雲ができる）。

・さらに上昇して温度が0℃以下になると、氷の結晶ができ始める。

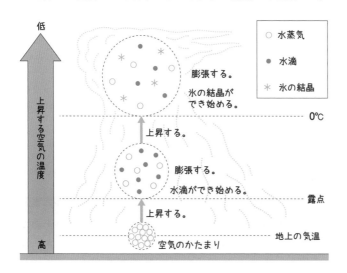

❷ **降水**…雲をつくる水滴や氷の結晶が大きくなると雨や雪として落ちてくる。

# 確認問題

| 日付 | ／ | ／ | ／ |
|---|---|---|---|
| ○△× | | | |

---

**1** 気象の観測について、次の(1)、(2)の問いに答えなさい。　　　　　　[2021青森]

図1

(1) 右の**図1**で表されている天気と風向および風力の組み合わせとして最も適当なものを、次の**ア〜エ**から選び、記号で答えなさい。

**ア** くもり 北西 7　　　　**イ** 晴れ 北西 3
**ウ** くもり 南東 7　　　　**エ** 晴れ 南東 3

(2) 乾湿計を用いて、ある時刻の乾球温度と湿球温度を観測したところ、乾球温度は18.0℃、湿球温度は16.0℃を示していた。右の**図2**は、湿度表の一部を、**図3**は、気温と飽和水蒸気量の関係の一部を表したものである。観測した時刻の空気1m³にふくまれている水蒸気量は何gか、小数第2位を四捨五入して求めなさい。

図2

| 乾球温度〔℃〕 | 乾球温度と湿球温度の差〔℃〕 | | | | | | |
|---|---|---|---|---|---|---|---|
| | 0.0 | 0.5 | 1.0 | 1.5 | 2.0 | 2.5 | 3.0 |
| 19 | 100 | 95 | 90 | 85 | 81 | 76 | 72 |
| 18 | 100 | 95 | 90 | 85 | 80 | 75 | 71 |
| 17 | 100 | 95 | 90 | 85 | 80 | 75 | 70 |
| 16 | 100 | 95 | 89 | 84 | 79 | 74 | 69 |
| 15 | 100 | 94 | 89 | 84 | 78 | 73 | 68 |

図3

| 気温〔℃〕 | 飽和水蒸気量〔g/m³〕 |
|---|---|
| 19 | 16.3 |
| 18 | 15.4 |
| 17 | 14.5 |
| 16 | 13.6 |
| 15 | 12.8 |

---

**2** 図のように、水を入れてふたをしたペットボトルを逆さまにして、正方形のプラスチック板を置いたスポンジの上に立て、スポンジが沈んだ深さを測定した。表は、プラスチック板の面積を変えて行った実験の結果をまとめたものである。これについて、あとの(1)、(2)の問いに答えなさい。　　　[2020岐阜]

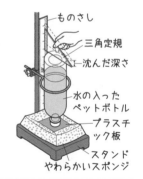

| プラスチック板の面積〔cm²〕 | 9 | 16 | 25 | 36 |
|---|---|---|---|---|
| スポンジが沈んだ深さ〔mm〕 | 14 | 10 | 6 | 2 |

(1) 次の□□□の①、②にあてはまる正しい組み合わせとして最も適当なものを、あとの**ア〜エ**から選び、記号で答えなさい。

表より、プラスチック板の面積が　①　ほど、スポンジの変形は大きくなる。プラスチック板が、スポンジの表面を垂直に押す　②　の大きさを圧力という。スポンジの表面が大きな圧力を受けるとき、スポンジの変形は大きい。

**ア** ①大きい　②面全体にはたらく力　　　**イ** ①大きい　②単位面積あたりの力
**ウ** ①小さい　②面全体にはたらく力　　　**エ** ①小さい　②単位面積あたりの力

(2) 図で、面積が16 cm²の正方形のプラスチック板と、水を入れてふたをしたペットボトルの質量の合計は320gであった。このとき、プラスチック板からスポンジの表面が受ける圧力は何Paか。最も適当なものを、次の**ア〜エ**から選び、記号で答えなさい。ただし、質量100gの物体にはたらく重力の大きさを1Nとする。また、1Pa = 1N/m²である。

**ア** 0.0005Pa　　**イ** 0.05Pa　　**ウ** 20Pa　　**エ** 2000Pa

**3** 空気中の湿度や、雲のでき方を調べるために、次の実験1〜3を行った。表は、気温と飽和水蒸気量の関係を示したものである。これについて、あとの(1)〜(5)の問いに答えなさい。

| 気温〔℃〕 | 10 | 12 | 14 | 16 | 18 | 20 | 22 | 24 | 26 | 28 | 30 | 32 | 34 |
|---|---|---|---|---|---|---|---|---|---|---|---|---|---|
| 飽和水蒸気量〔g/m³〕 | 9.4 | 10.7 | 12.1 | 13.6 | 15.4 | 17.3 | 19.4 | 21.8 | 24.4 | 27.2 | 30.4 | 33.8 | 37.6 |

**実験1** 室温26℃の理科室で、金属製のコップに水を半分ぐらい入れ、その水の温度が室温とほぼ同じになったことを確かめた後、**図1**のように、金属製のコップの中の水をガラス棒でよくかき混ぜながら、氷水を少しずつ入れた。金属製のコップの表面がくもり始めたときの水温をはかると、16℃であった。

**実験2** **図2**のように、簡易真空容器に、少し空気を入れて口を閉じたゴム風船と気圧計を入れ、ピストンを上下させて容器内の空気をぬいていったところ、容器内の気圧は下がり、ゴム風船はふくらんだ。

**実験3** 丸底フラスコの内部をぬるま湯でぬらし、線香のけむりを少量入れた後、注射器とつないで**図3**のような装置を組み立てた。注射器のピストンをすばやく引いたところ、丸底フラスコの中の温度は下がり、丸底フラスコの中がくもった。

(1) 水蒸気が水に変わる現象を述べたものとして最も適当なものを、次の**ア〜エ**から選び、記号で答えなさい。

**ア** 寒いところで、はく息が白くなる。

**イ** 冬に湖の表面が凍る。

**ウ** 湿っていた洗濯物が乾く。

**エ** 朝に出ていた霧が、昼になると消える。

(2) **実験1**を行ったときの理科室の湿度は何％か。小数第1位を四捨五入して整数で求めなさい。

(3) 地上付近にある、水蒸気をふくむ空気が上昇すると、どのような変化が起こり雲ができると考えられるか。**実験2、3**の結果にふれながら、「気圧」、「露点」の語を用いて簡潔に書きなさい。

(4) 空気が上昇するしくみについて述べた文として最も適当なものを、次の**ア〜エ**から選び、記号で答えなさい。

**ア** 太陽の光であたためられた地面が、周囲の空気をあたためることで、空気が上昇する。

**イ** 高気圧の中心部に風がふきこむことで上昇気流が発生し、空気が上昇する。

**ウ** 寒冷前線付近では、暖気が寒気を押し上げることによって、冷たい空気が上昇する。

**エ** 風が山の斜面に沿って山頂からふもとに向かってふくことで上昇気流が発生し、空気が上昇する。

(5) 気温30℃、湿度64％の空気が高さ0mの地表から上昇すると、ある高さで雲ができ始めた。雲ができ始めたとき、上昇した空気は何mの高さにあると考えられるか。最も適当なものを、次の**ア〜エ**から選び、記号で答えなさい。ただし、雲ができ始めるまでは、空気が100m上昇するごとに温度は1℃下がるものとします。

**ア** 約400m　　**イ** 約800m　　**ウ** 約1200m　　**エ** 約1600m

# 天気の変化と日本の四季

## 1 前線と気団

❶ **気団**…性質が一様な空気のかたまり。

❷ **前線と前線面**…冷たい気団とあたたかい気団が接したときにできる気団の境界を前線面といい、前線面と地表面が接したところにできる線を前線という。

・**温暖前線**…暖気が寒気の上をはい上がりながら進む前線。

・**寒冷前線**…寒気が暖気の下にもぐりこみ、暖気を押し上げながら進む前線。

・**閉塞前線**…寒冷前線が温暖前線に追いついたときにできる前線。

・**停滞前線**…寒気と暖気がぶつかり合って、ほとんど移動しない前線。梅雨前線や秋雨前線がある。

❸ **温帯低気圧**…温帯で発生した前線をともなう低気圧。南西方向に寒冷前線、南東方向に温暖前線がのびている。

❹ **前線が通過するときの天気の変化**…前線面で上昇気流が生じて雲ができるので、天気が大きく変化する。

> 💡 **絶対おさえる！ 温暖前線・寒冷前線の通過による天気の変化**
>
> ☑ **温暖前線**…長時間、広い範囲におだやかな雨が降る。通過後、風向は南寄りに変わり、気温が上がる。
> ☑ **寒冷前線**…短時間、せまい範囲に強い雨が降る。通過後、風向は北寄りに変わり、気温が急に下がる。

> 📖 **参考**
>
> 前線の記号
> （⇒ は移動方向）
> 温暖前線 ▲▲▲ ⇑
> 寒冷前線 ▼▼▼ ⇓
> 閉塞前線 ▼▲▼ ⇓
> 停滞前線 ▲▼▲

> 📖 **参考**
>
> 温暖前線付近では乱層雲、寒冷前線付近では積乱雲が発達する。

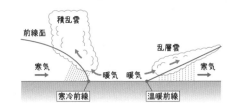

## 2 大気の動きと天気の変化

❶ **偏西風**…1年を通して西から東に向かってふく風。偏西風の影響で、日本付近の天気は西から東へ移り変わっていく。

❷ **海風と陸風**

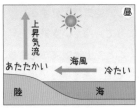

・**海風**…昼間にあたためられた陸で上昇気流が起こることによって、海から陸に向かってふく風。

・**陸風**…夜間でも冷めにくい海で上昇気流が起こることによって、陸から海に向かってふく風。

> 📖 **参考**
>
> 土は水と比べて、あたたまりやすく冷めやすい性質がある。

❸ **季節風**

・**冬の季節風**…太平洋上で上昇気流、大陸で下降気流が起こることによって、大陸から太平洋に向かってふく北西の風。

・**夏の季節風**…大陸で上昇気流、太平洋上で下降気流が起こることによって、太平洋から大陸に向かってふく南東の風。

● 温暖前線と寒冷前線のでき方と特徴をまとめておこう！
● 天気図を見てどの季節かを判断できるようにしておこう！

## 3 日本の天気

**❶ 日本の天気に影響をあたえる気団**

・シベリア気団…冷たく乾いている。

・小笠原気団…あたたかく湿っている。

・オホーツク海気団…冷たく湿っている。

シベリア気団
（寒冷・乾燥）

オホーツク
海気団
（寒冷・湿潤）

小笠原気団
（高温・湿潤）

**❷ 日本の冬の天気**…シベリア気団が発達し、
西高東低の気圧配置となる。

・冷たい北西の季節風がふく。

・日本海側の各地では雪が降り、太平洋側の各
地では乾燥した晴れの日が続くことが多い。

📖 **参考**

山を越えるときに雪や雨を
降らせた空気は、山を下ると
きに温度が上がる。このとき、
風上側の同じ高さの地点よ
りも気温が高くなっている。
この現象をフェーン現象と
いう。

**❸ 日本の夏の天気**…小笠原気団が発達し、
南高北低の気圧配置となる。

・あたたかく湿った南東の季節風がふく。

・蒸し暑い日が続く。

▶ 冬の天気図

**❹ 日本の春と秋の天気**…移動性高気圧と低
気圧が交互に発生し、西から東へ移動する
ため、周期的に天気が変化する。

**❺ 梅雨**…勢力がほぼ同じオホーツク海気団と
小笠原気団の間にできた停滞前線の影響で、
雨が降り続く。

▶ 夏の天気図

**❻ 台風**…熱帯低気圧が発達して最大風速が
17.2m/s 以上になったもの。前線はともな
わない。最初は北西に進み、その後小笠原
気団のふちに沿って北東に進むことが多い。
大量の雨が降り、強い風がふく。

📖 **参考**

台風の中心には「目」とよば
れる部分があり、下降気流が
生じていて雲はほとんどな
い。

▶ 日本付近での台風の進路

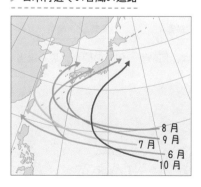

8月
9月
7月
6月
10月

▶ 春の天気図

▶ 梅雨の天気図

# 確認問題

| 日付 | ／ | ／ | ／ |
|---|---|---|---|
| ○△× | | | |

**1** ある年の**10月1日**、福岡市で気象を観測し、調査を行った。あとの(1)〜(7)の問いに答えなさい。

[2021 岐阜]

〔**観測**〕 6時から3時間おきに、前線の通過にともなう気象の変化を観測した。右の表は、その結果をまとめたものである。

| 観測時刻 | 6時 | 9時 | 12時 | 15時 | 18時 |
|---|---|---|---|---|---|
| 気圧〔hPa〕 | 1012 | 1010 | 1006 | 1003 | 1002 |
| 気温〔℃〕 | 19.7 | 21.3 | 28.1 | 27.3 | 26.7 |
| 風向 | 東南東 | 東南東 | 南南西 | 南南西 | 南西 |
| 風力 | 3 | 3 | 4 | 4 | 4 |
| 天気記号 | ● | ● | ◎ | ● | ● |

〔**調査**〕 インターネットを使って、天気図を調べた。右の図は、観測した日の6時の天気図である。

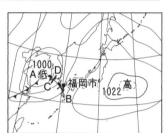

(1) 観測結果から、福岡市の12時の天気をことばで書きなさい。

(2) 図の低気圧のように、中緯度帯で発生し、前線をともなう低気圧を何というか。答えなさい。

(3) 図の**A**から**B**にのびる前線を何というか。答えなさい。

(4) 次の □ の**a〜d**にあてはまる正しい組み合わせとして最も適当なものを、あとの**ア〜エ**から選び、記号で答えなさい。

> 同じ質量で比べた場合、暖気は寒気に比べて体積が □ **a** 、密度が □ **b** なる。そのため、暖気は寒気の □ **c** に、寒気は暖気の □ **d** に移動する。空気のかたまりが上昇する場所では雲が発生しやすいので、前線の付近では雲が多くなる。

**ア** a 大きく　　b 小さく　　c 上　　d 下
**イ** a 大きく　　b 小さく　　c 下　　d 上
**ウ** a 小さく　　b 大きく　　c 上　　d 下
**エ** a 小さく　　b 大きく　　c 下　　d 上

(5) 図の**C—D**における断面の模式図はどれか。最も適当なものを、次の**ア〜エ**から選び、記号で答えなさい。

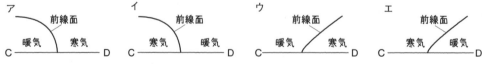

(6) 観測結果から、図の**A**から**B**にのびる前線が福岡市を通過したのは、何時から何時の間か。最も適当なものを、次の**ア〜エ**から選び、記号で答えなさい。

**ア** 6時から9時の間　　　**イ** 9時から12時の間
**ウ** 12時から15時の間　　**エ** 15時から18時の間

(7) 図の高気圧について、地表付近での風のふき方を上から見たときの模式図として最も適当なものを、右の**ア〜エ**から選び、記号で答えなさい。なお、矢印は風のふき方を表しています。

**2** 図1、図2、図3は、日本の季節に見られる特徴的な天気図である。これについて、次の(1)～(3)の問いに答えなさい。

[2019沖縄]

図1 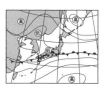　図2 　図3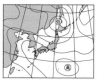

(1) 図1～図3の天気図はそれぞれどの季節のものか。最も適当なものを右のア～カから選び、記号で答えなさい。

|  | 図1 | 図2 | 図3 |  | 図1 | 図2 | 図3 |
|---|---|---|---|---|---|---|---|
| ア | 春 | 夏 | 梅雨 | イ | 冬 | 秋 | 春 |
| ウ | 梅雨 | 冬 | 夏 | エ | 春 | 冬 | 梅雨 |
| オ | 冬 | 秋 | 夏 | カ | 梅雨 | 夏 | 冬 |

(2) 図2の地点Aと地点Bの2地点のうち、強い風がふくのはどちらか答えなさい。

(3) 次の文は図1～図3の説明をしている。（　①　）、（　②　）にあてはまる語句を答えなさい。ただし、（　②　）は漢字4文字で答えなさい。

---

図1　日本付近で、北の冷たく湿ったオホーツク海気団と、南のあたたかく湿った（　①　）気団との間に停滞前線ができる。

図2　シベリア気団が発達し（　②　）の気圧配置になることで、日本へ季節風がふく。

図3　海上の（　①　）気団が南から大きく張り出して、日本へ季節風がふく。

---

**3** 気象とその変化に関する次の(1)、(2)の問いに答えなさい。

[2021静岡]

(1) 図1は、ある年の9月3日9時における天気図であり、図中の矢印（→）は、9月3日9時から9月4日の21時までに台風の中心が移動した経路を示している。

図1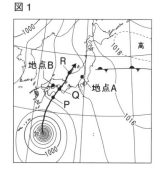

① 図1の地点Aを通る等圧線が表す気圧を答えなさい。

② 図1の中には、前線の一部が見られる。この前線は、勢力がほぼ同じ暖気と寒気がぶつかり合ってほとんど動かない前線である。時期によっては梅雨前線や秋雨前線ともよばれる、勢力がほぼ同じ暖気と寒気がぶつかり合ってほとんど動かない前線は何とよばれるか。その名称を答えなさい。

③ 図1のP、Q、Rは、それぞれ9月4日の9時、12時、18時の台風の中心の位置を表している。台風の中心がP、Q、Rのそれぞれの位置にあるときの、図1の地点Bの風向をP、Q、Rの順に並べたものとして最も適当なものを、次のア～エから選び、記号で答えなさい。

ア　北西→南西→南東　　　イ　北西→北東→南東

ウ　北東→北西→南西　　　エ　北東→南東→南西

(2) 図2は、8月と10月における、台風のおもな進路を示したものである。8月から10月にかけて発生する台風は、小笠原気団（太平洋高気圧）のふちに沿って北上し、その後、偏西風に流されて東寄りに進むことが多い。

図2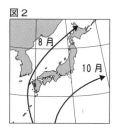

① 小笠原気団の性質を、温度と湿度に着目して、簡単に書きなさい。

② 10月と比べたときの、8月の台風のおもな進路が図2のようになる理由を、小笠原気団に着目して、簡単に書きなさい。

## Chapter 28 【地学】 天体の動き

### 1 地球の自転と天体の日周運動

**① 地球の自転**…地球は、地軸（地球の北極と南極を結ぶ軸）を中心として、1日に1回、西から東へ回転している。この動きを地球の自転という。

**② 天球**…天体が、自分を中心とした球体の天井にはりついているように見えるときの、見かけ上の球面。観測者の真上の点を天頂という。

**③ 日周運動**…天体が東から西へ1日に1回転しているように見えること。地球の自転による見かけの動きである。

**④ 南中**…天体が真南の位置にくること。南中したとき、高度は最も高くなっている。天体が南中したときの高度を南中高度という。

**⑤ 太陽の1日の動き**…太陽は、一定の速さで、東からのぼって南の空を通り、西に沈んで見える。

**⑥ 星の1日の動き**…星は、東の空から西の空へ、1時間に約15°（360°÷24時間）動いて見える。

- ・**北の空**…北極星を中心に、反時計回りに動いて見える。
- ・**東の空**…右ななめ上の方向に動いて見える。
- ・**南の空**…東から西の方向に弧をえがくように動いて見える。
- ・**西の空**…右ななめ下の方向に動いて見える。

▶ 地球の方位と時刻

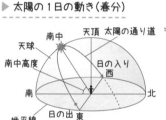

▶ 太陽の1日の動き（春分）

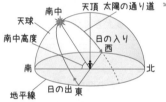

北の空　東の空　南の空　西の空

北極星

> 📖 参考
>
> 世界各地の太陽の1日の動き
> ・北極付近（春分）
> ・赤道
> ・南半球

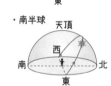

### 2 地球の公転と天体の年周運動

**① 地球の公転**…地球は1年に1回、太陽のまわりを自転と同じ向きに回転している。この動きを地球の公転という。

**② 地軸の傾き**…公転面に垂直な線に対して、約23.4°傾いたまま公転している。

**③ 年周運動**…天体が東から西へ1年に1回転しているように見えること。地球の公転による見かけの動きである。

**④ 黄道**…太陽は、星座の間を西から東へ動いているように見え、1年でもとの位置にもどる。この太陽の通り道を黄道という。

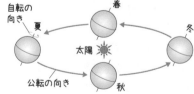

> 📖 参考
>
> 黄道上にある12の星座は、まとめて黄道12星座とよばれる。

● 各方位の星の見え方を、図とともに整理しておこう！
● 季節ごとの太陽の通り道や南中高度の変化を覚えておこう！

⑤ **星の年周運動**…同じ場所で、同じ時刻に見える星座を観察すると、1か月に約30°（360°÷12か月）西へ動いて見える。

⑥ **星座の見え方**…星座は季節によって見える方位が異なっている。また、地球から見て太陽と同じ側にある星座は1日中見ることができない。

例 冬至の真夜中に南中するオリオン座は、春分の日の真夜中には、西の空に見ることができる。また、冬至には1日中さそり座を見ることができない。

▶ オリオン座の動き

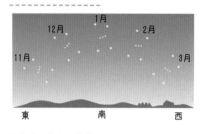

真夜中に見える星座

## 3 季節の変化

### ❶ 太陽の通り道の変化

・春分・秋分…真東から出て、真西に沈む。
・夏至…真東より北寄りから出て、真西より北寄りに沈む。
・冬至…真東より南寄りから出て、真西より南寄りに沈む。

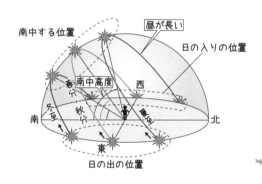

### ❷ 季節の変化…地球が地軸を傾けたまま公転しているため、太陽の南中高度や昼の長さが変化する。

📖 参考

南中高度の求め方
・春分・秋分：90°－緯度
・夏至：90°－（緯度－23.4°）
・冬至：90°－（緯度＋23.4°）

💡 **絶対おさえる！　季節による太陽の南中高度と昼の長さの変化**

☑ 太陽の南中高度…夏至が最も高くなり、冬至が最も低くなる。
☑ 昼の長さ…夏至が最も長くなり、冬至が最も短くなる。春分・秋分のときは昼と夜の長さは等しい。
☑ 夏至は地面が受ける光の量が多くなり、気温が高くなる。
☑ 日の出の位置…夏至が最も北寄りになり、冬至が最も南寄りになる。
☑ 日の入りの位置…夏至が最も北寄りになり、冬至が最も南寄りになる。

## 確認問題

| 日付 | ／ | ／ | ／ |
|---|---|---|---|
| ○△× | | | |

**1** 太郎さんは、夏至の日に、日本のある地点で太陽の動きを観察するために、図1のように、午前8時から午後4時まで、1時間ごとの太陽の位置を透明半球上にフェルトペンで記録し、その後、右の図2のように、記録した点をなめらかな線で結び、透明半球上に太陽の動いた道すじをかいた。図1、図2中の点Oは、透明半球の中心を表している。図2中の点P、点Qは、太陽の動いた

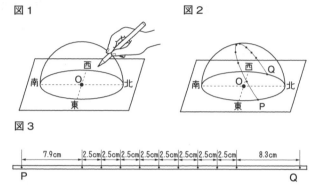

図1　図2　図3

道すじを延長した線と透明半球のふちとが交わる点であり、点Pは日の出の位置を、点Qは日の入りの位置を表している。図3は、点Pから点Qまで透明半球上にかいた太陽の動いた道筋に紙テープを重ねて、点Pと1時間ごとの太陽の位置と点Qを写しとり、各点の間の長さをそれぞれはかった結果を示したものである。これについて、次の(1)～(4)の問いに答えなさい。　　　　　　　　　　　　[2018香川]

(1) 太陽の位置を透明半球上に記録するとき、フェルトペンの先の影が、どの位置にくるようにすればよいか。簡単に書きなさい。

(2) 図2の記録から、太陽は透明半球上を東から西へ移動していることがわかる。次の文は、地上から見た太陽の1日の動きについて述べようとしたものである。文中の ☐ 内にあてはまる最も適当なことばを書きなさい。また、文中の〔　〕内にあてはまることばとして適当なものをa、bから選び、記号で答えなさい。

> 　地上からは、太陽は東から西へ動いているように見える。これは、地球が ☐ を中心にして西から東へ自転しているために起こる見かけの動きである。また、地球は、1日に1回自転するため、太陽は1時間に約〔a　15°　　　b　30°〕ずつ動いているように見える。

(3) 図3の結果において、点Pと点Qの中点は、図2における透明半球上での太陽の位置が点Oに対して真南にきたときの位置である。この地点における、この日の太陽の南中する時刻は、いつごろであると考えられるか。最も適当なものを、次のア～オから選び、記号で答えなさい。

ア　午前11時50分ごろ　　　イ　午前11時55分ごろ　　　ウ　午後0時0分ごろ

エ　午後0時5分ごろ　　　オ　午後0時10分ごろ

(4) 日本の夏至の日に、赤道上のある地点で太陽の動きを観察すると、透明半球上の太陽の動いた道筋はどのようになると考えられるか。最も適当なものを、次のア～オから選び、記号で答えなさい。

ア　　　　　イ　　　　　ウ　　　　　エ　　　　　オ

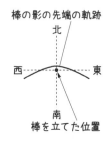

**2** 福島県のある地点で太陽の動きを調べるために、地面に棒を垂直に立て、太陽による棒の影の動きを観察した。図は、ある日の棒の影の先端の位置を観察し、記録したものである。観察をした日として最も適当なものを、次のア〜ウから選び、記号で答えなさい。　　　　　　　　　　　　　　　　　　　　　　[2019福島]

　　ア　6月21日　　　　イ　9月21日　　　　ウ　12月21日

**3** 次の資料1、2は、天体の運動についてまとめたものである。あとの(1)、(2)の問いに答えなさい。　[2022青森]

---

**資料1**

　図1は、日本のある場所で観察した北の空の星の動きを模式的に表したものである。北極星はほとんど動かず、ほかの星は北極星を中心に回転しているように見えた。

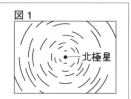

---

**資料2**

　右の図2は、太陽と黄道上の12星座および地球の位置関係を模式的に表したものである。また、Aは日本における春分、夏至、秋分、冬至のいずれかの日の地球の位置を示している。

---

(1)　**資料1**について、次の①〜③の問いに答えなさい。

①　それぞれの恒星は、非常に遠くにあるため、観測者が恒星までの距離のちがいを感じることはなく、自分を中心とした大きな球面にはりついているように見える。この見かけの球面を何というか、その名称を答えなさい。

②　この場所での天頂の星の動きを表したものとして最も適当なものを、右のア〜エから選び、記号で答えなさい。

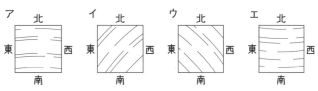

③　次の文章は、星の動きについて述べたものである。文章中の　**a**　、　**b**　に入る適切な語を答えなさい。

　北の空の星は　**a**　を延長した方向の一点を中心として、1日に1回転しているように見える。これは、地球が　**a**　を中心にして自転しているために起こる見かけの運動で、星の　**b**　という。

(2)　**資料2**について、次の①、②に答えなさい。

①　図2のAは、次のア〜エの中のいずれの日の地球の位置を示しているか、最も適当なものを、次のア〜エから選び、記号で答えなさい。

　　ア　春分　　　イ　夏至　　　ウ　秋分　　　エ　冬至

②　青森県内のある場所において、22時にてんびん座が南中して見えた。同じ場所で2時間後には、さそり座が南中して見えた。この日から9か月後の20時に、同じ場所で南中して見える星座として最も適切なものを、**図2**の12星座の中から選び、名称で答えなさい。

地学
# 太陽系と宇宙

## 1 太陽の観察

❶ **恒星**…太陽のように、みずから光を出している天体。

❷ **太陽のようす**…ガス（気体）でできており、非常に多くの光や熱を出している。

・黒点…太陽の表面の黒く見える斑点。
表面温度がまわりより低い。

・コロナ…太陽をとり巻いている高温の
ガスの層。

・プロミネンス…炎のように見えるガス
の動き。

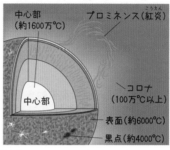

中心部
（約1600万℃）　プロミネンス（紅炎）

中心部

コロナ
（100万℃以上）

表面（約6000℃）

黒点（約4000℃）

📖参考

太陽の直径は地球の直径の
約109倍である。

❸ **黒点の観察**

・黒点が東から西へ移動している。➡太陽が自転していることがわかる。

・黒点の形が中央部では円形、周辺部ではだ円形になる。

　➡太陽が球形であることがわかる。

## 2 惑星と宇宙の広がり

❶ **太陽系**…太陽と太陽のまわりにあるさまざまな天体の集まり。

❷ **惑星**…恒星のまわりを公転する、ある程度の大きさと質量をもつ天体。太陽
系には、水星、金星、地球、火星、木星、土星、天王星、海王星の8つの天体
があり、みずから光は出さずに、**太陽の光を反射**してかがやいている。

📖参考

公転軌道をふくむ平面を公
転面といい、8つの惑星の公
転面はほぼ同じである。

金星　火星
水星　地球
太陽　　　　　　　　　　木星　　　　　土星　　　天王星 海王星

📖参考

内惑星と外惑星
・内惑星→地球よりも内側を
公転している惑星。真夜中
には見ることができない。
・外惑星→地球より外側を公
転している惑星。

・**地球型惑星**…水星、金星、地球、火星。表面が岩石でできていて、平均密度
が大きい。

・**木星型惑星**…木星、土星、天王星、海王星。水素やヘリウムなどの軽い物質
でできていて、平均密度が小さい。

❸ **その他の天体**

・小惑星…多くは火星と木星の間にあり、大きさや形がさまざまな天体。

・衛星…惑星のまわりを公転している天体。例 月。

・太陽系外縁天体…海王星より外側にある天体。例 めい王星、エリス。

・すい星…惑星とは異なる、細長いだ円軌道で公転している天体。

❹ **1光年**…光が1年間に進む距離で、約9兆5000億km。

❺ **銀河系**…太陽系をふくむ、恒星でつくられている天体の集団。上から見ると
うずまきの形をしており、直径は約10万光年である。

❻ **銀河**…銀河系の外側にある恒星の集まり。

📖参考

おもにすい星から放出され
たちりが地球の大気とぶつ
かって光る現象を流星とい
う。

● 黒点の観察は記述問題に注意しよう！
● 太陽の光の向きを考慮して、月や金星の形がかけるようにしておこう！

## 3 月の見え方

① **月の自転と公転**…月は自転しな
がら地球のまわりを公転している。

② **月の見え方**…同じ場所で同じ時
刻に見える月を観察すると、**西か
ら東へ**位置が変わる。

③ **月の満ち欠け**…月は太陽の光を
**反射**してかがやいている。太陽と
月の位置関係が変わり、満ち欠け
する。

④ **日食と月食**

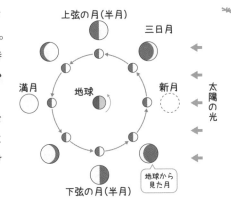

上弦の月(半月)
三日月
満月
地球
新月
太陽の光
下弦の月(半月)
地球から見た月

Chapter 29　太陽系と宇宙

**参考**
月は自転周期と公転周期が同じなので、地球からはいつも同じ面しか見ることができない。

・**日食**…**太陽、月、地球**の順に並び、月が太陽と地球の間に入って太陽が月にか
くされる現象。新月のときに起こるが、新月のたびに起こるわけではない。

　　例 **皆既日食**：太陽全体がかくされること。月より太陽のほうが大きく
見えるときは**金環日食**となる。

　　例 **部分日食**：太陽の一部がかくされること。

・**月食**…**太陽、地球、月**の順に並び、月が地球の影に入る現象。満月のときに
起こるが、満月のたびに起こるわけではない。

　　例 **皆既月食、部分月食**。

**参考**
太陽の半径は月の半径の約400倍であるが、地球から太陽までの距離が地球から月までの距離の約400倍なので、太陽と月はほぼ同じ大きさに見える。

▶ 日食　　　　　　　　　　　　　　　　▶ 月食
太陽　　　　　　　月　　　地球　　　　太陽　　　　　　　地球　　　　月

## 4 金星の見え方

① **金星の満ち欠け**…金星は太陽の光を反射
してかがやいている。地球より内側を公転
しているので満ち欠けし、地球からの距離
によって見かけの大きさも変化する。

・**明けの明星**…明け方の東の空に見える金星

・**よいの明星**…夕方の西の空に見える金星

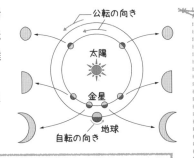

公転の向き
太陽
金星
地球
自転の向き

**参考**
金星は地球に近づくと、大きく見えるようになる。また、欠け方が大きくなる。

💡 **絶対おさえる！　金星の見え方**

☑ **金星**は、**明け方の東の空**か、**夕方の西の空**に見える。

## 確認問題

| 日付 | / | / | / |
|---|---|---|---|
| ○△× | | | |

**1** 健太さんは、理科の授業で月の満ち欠けに興味をもったので、月を観察することにした。ある年の9月21日午後7時頃に、新潟県のある場所で観察したところ、満月が見えた。右の図は、地球の北極側から見たときの地球、月、太陽の位置関係を模式的に表したものである。これについて、次の(1)〜(5)の問いに答えなさい。

[2022新潟]

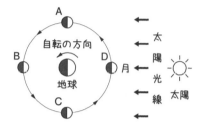

(1) 満月のときの月の位置として、最も適当なものを、図中の**A〜D**から選び、記号で答えなさい。

(2) 9月21日午後7時頃に、健太さんから見えた月の方向として最も適当なものを、次の**ア〜エ**から選び、記号で答えなさい。

**ア** 東の空　　**イ** 西の空　　**ウ** 南の空　　**エ** 北の空

(3) 8日後の9月29日に、同じ場所で月を観察したとき、見える月の形の名称として最も適当なものを、次の**ア〜エ**から選び、記号で答えなさい。

**ア** 満月　　**イ** 下弦の月　　**ウ** 三日月　　**エ** 上弦の月

(4) 次の文は、月の見え方と、その理由を説明したものである。文中の　**X**　、　**Y**　にあてはまる語句の組み合わせとして、最も適当なものを、あとの**ア〜エ**から選び、記号で答えなさい。

> 月を毎日同じ時刻に観察すると、日がたつにつれ、月は地球から見える形を変えながら、見える方向を　**X**　へ移していく。これは、　**Y**　しているためである。

**ア** 〔**X** 東から西、**Y** 地球が自転〕　　**イ** 〔**X** 東から西、**Y** 月が公転〕
**ウ** 〔**X** 西から東、**Y** 地球が自転〕　　**エ** 〔**X** 西から東、**Y** 月が公転〕

(5) 令和3年5月26日に、月食により、日本の各地で月が欠けたように見えた。月食とは、月が地球の影に入る現象である。月が地球の影に入るのは、地球、月、太陽の位置がどのようなときか。書きなさい。

**2** 銀河系に関する説明として、誤っているものを、次の**ア〜エ**から選び、記号で答えなさい。　　　[2018徳島]

**ア** 銀河系には、約2000億個の恒星がある。
**イ** 銀河系の中心部に、太陽系は位置している。
**ウ** 銀河系は、地球から見ると地球をとり巻く天の川として見える。
**エ** 銀河系の外側にも、銀河系のような恒星の集まりが無数にある。

**3** 太陽系の惑星は、地球型惑星と木星型惑星に分けることができる。地球型惑星として最も適当なものを、次の**ア〜オ**から2つ選び、記号で答えなさい。

[2019北海道]

**ア** 海王星　　**イ** 土星　　**ウ** 火星　　**エ** 天王星　　**オ** 金星

**4** 図は、天体望遠鏡に遮光板と太陽投影板を固定して、10月23日と27日の午後1時に、太陽の表面にある黒点のようすを観察し、スケッチしたものである。これについて、次の(1)、(2)の問いに答えなさい。

[2022高知]

(1) 図のように、黒点の位置が西のほうへ移動していた理由として最も適当なものを、あとの**ア**〜**エ**から選び、記号で答えなさい。

　**ア**　地球が自転しているから。　　　**イ**　地球が公転しているから。

　**ウ**　太陽が自転しているから。　　　**エ**　太陽が公転しているから。

(2) 黒点が黒く見えるのはなぜか、その理由を簡潔に書きなさい。

**5** 次の観察について、あとの(1)〜(5)の問いに答えなさい。

[2022長崎]

【観察】

　日本のある場所で、天体望遠鏡を使って金星を60日間隔で3回観察した。天体望遠鏡の倍率を変えずに観察すると、金星は満ち欠けをし、見かけの大きさ（半径）も変化していた。

　図は、1回目と2回目に観察した日の太陽と地球に対する金星の位置を、地球の位置を固定して模式的に表したものである。

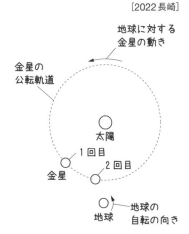

(1) 1回目の観察のとき、明るく光っている金星は夕方に観察できた。このように、夕方に見える金星は何とよばれているか。答えなさい。

(2) 1回目の観察で、天体望遠鏡で観察した金星の光っている部分の形を、肉眼で見たときの向きに直したものとして最も適当なものを、次の**ア**〜**エ**から選び、記号で答えなさい。ただし、見かけの大きさは同じにしている。

（**ア**　**イ**　**ウ**　**エ**）

(3) 2回目の観察で、1回目の観察と比べて金星の見かけの大きさはどのように変化したか。また、その理由を説明しなさい。

(4) 3回目の観察の日に、金星を肉眼で観察できる時間帯と方角の組み合わせとして最も適当なものを、次の**ア**〜**エ**から選び、記号で答えなさい。

　**ア**　明け方・東　　　**イ**　明け方・西　　　**ウ**　夕方・東　　　**エ**　夕方・西

(5) 金星の特徴について説明した文として最も適当なものを、次の**ア**〜**エ**から選び、記号で答えなさい。

　**ア**　おもに二酸化炭素からなる厚い大気でおおわれ、表面の平均温度が約460℃と高い。

　**イ**　おもに窒素と酸素からなる大気でおおわれ、表面に大量の液体の水が存在する。

　**ウ**　大気がほとんどなく、昼と夜との間で表面の温度差がとても大きい。

　**エ**　水素やヘリウムでできている部分が多く、太陽系の惑星の中で平均密度が最も小さい。

Chapter 29　太陽系と宇宙

環境
# 自然と人間

## 1 生物どうしのつながり

❶ **生態系**…ある場所に生活している生物と
その環境を1つのまとまりとし
てとらえたもの。

❷ **食物連鎖**…食べる・食べられるの関係に
よる生物どうしのつながり。

❸ **食物網**…生態系の中で、食物連鎖が網の
目のように複雑にからみ合って
いるつながり。

ワシ
モズ
カエル
イタチ
ウサギ
バッタ
ネズミ
木や草

📖 参考

食物連鎖は、陸上だけでなく、水中や土の中などさまざまな生態系で見られる。

❹ **生産者**…光合成を行い、無機物から有機
物をつくり出すことができる生物。例 植物。

❺ **消費者**…生産者がつくり出した有機物を、直接または間接的に食べて有機物
を得る生物。例 草食動物、肉食動物。

❻ **生態系における生物の数量的関係**…植物を底辺としてピラミッドの形で表
すことができる。

💡 **絶対おさえる! 食物連鎖の生物の数量関係**

☑ **数量**は、**植物**が最も多く、**草食動物**、**肉食動物**
の順に少なくなっていく。

肉食動物
草食動物
植物

❼ **生態系における生物の数量的関係のつり合い**…ある生物が一時的にふえた
り減ったりした場合、一定の範囲で増減をくり返しながらつり合いが保たれる。

肉食動物
草食動物
植物

草食動物
がふえる。

肉食動物が
ふえ、植物が
減る。

草食動物
が減る。

植物がふえ、肉食動物が減って、もとにもどる。

📖 参考

人間の活動や自然災害でつり合いがくずれた場合→もとにもどるのに時間がかかったり、もとにもどらなかったりすることもある。

❽ **分解者**…生物の死骸やふんなどから栄養分を得る生物。**菌類**（キノコやカビ
など）や**細菌類**（納豆菌や乳酸菌など）、土の中の小動物。有機物を水や二酸
化炭素などの無機物に分解する。

⚠ 注意

分解者も生産者がつくり出した有機物をとり入れているので、消費者にふくまれる。

❾ **物質の循環**…酸素や
炭素などの物質は、**光
合成、呼吸、食物連鎖**
などによって、有機物
や無機物に形を変え
ながら生態系を循環
している。

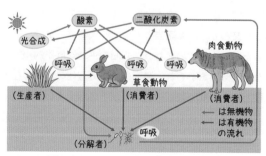

酸素
二酸化炭素
光合成
肉食動物
呼吸
呼吸
呼吸
草食動物
（生産者）
（消費者）
（消費者）
← は無機物
← は有機物
　の流れ
（分解者）
呼吸

● 食物連鎖の数量関係は、ピラミッド形で整理しておこう！
● 身近にあるエネルギー資源や環境問題はチェックしておこう！

Chapter 30　自然と人間

## 2 エネルギー資源

**❶ 水力発電**…高い位置から落とした水で水車を回して発電する。

・エネルギーの移り変わり：位置エネルギー→運動エネルギー→電気エネルギー

[長所] 温室効果ガスである二酸化炭素を出さない。

[短所] ダムの建設で環境を変えてしまう。

**❷ 火力発電**…化石燃料を燃やしてできた水蒸気や燃焼ガスでタービンを回して発電する。

・エネルギーの移り変わり：化学エネルギー→熱エネルギー→運動エネルギー
→電気エネルギー

[長所] 発熱量が大きく、エネルギー変換効率が高い。

[短所] 化石燃料には限りがあり、二酸化炭素を大量に出す。

**❸ 原子力発電**…核分裂反応でできた熱で水蒸気をつくり、タービンを回して発電する。

・エネルギーの移り変わり：核エネルギー→熱エネルギー→運動エネルギー→
電気エネルギー

[長所] 少量の燃料で莫大なエネルギーが得られる。

[短所] 放射線が外部に出ると危険である。

**❹ 再生可能なエネルギー**…限られた資源に依存しない新しいエネルギー資源の需要が今後高まると考えられている。

[例] 太陽光発電、風力発電、地熱発電、バイオマス発電。

## 3 科学技術と人間

**❶ プラスチック**…石油などを原料としてつくられた有機物。合成樹脂。

**❷ プラスチックの性質**…プラスチックに共通の性質と、種類によって異なる性質がある。

[例] ポリエチレン（PE）、ポリエチレンテレフタラート（PET）、ポリスチレン（PS）、ポリプロピレン（PP）など。

[共通の性質] 成形や加工がしやすい、軽い、さびない、腐りにくい、電気を通しにくい、衝撃に強い、酸・アルカリや薬品による変化が少ない。

**❸ 天然繊維と合成繊維**…綿や絹、羊毛などの天然繊維が長く使われていたが、現在では、じょうぶで軽い、保温性があるなどの性質をもつ、合成繊維が多く使われるようになった。

📖 参考
合成繊維の原料は石油。

**❹ 新しい素材（新素材）**…今までにはなかった優れた性能と機能をそなえた新しい素材。

[例] 機能性高分子、炭素繊維、形状記憶合金など。

**❺ 自然環境や生体への影響**…地球温暖化やオゾン層の破壊、水質汚濁、大気汚染、**外来生物**など、さまざまな問題がある。

📖 参考
人間がほかの地域から持ちこんで子孫を残すようになった生物を外来生物という。

# 確認問題

| 日付 | / | / | / |
|------|---|---|---|
| ○△× |   |   |   |

**1** 生物は、<u>水や土などの環境やほかの生物との関わり合いの中で生活している</u>。図1は、自然界における生物どうしのつながりを模式的に表したものであり、矢印は有機物の流れを示し、A、B、C、

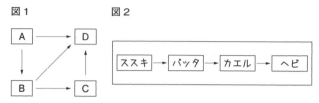

Dには、生産者、分解者、消費者（草食動物）、消費者（肉食動物）のいずれかがあてはまる。また、図2は、ある草地で観察された生物どうしの食べる・食べられるの関係を表したものであり、矢印の向きは、食べられる生物から食べる生物に向いている。これについて、次の(1)〜(3)の問いに答えなさい。　　　　　　　　　　　　　　　　　　　　　[2019栃木]

(1) 下線部について、ある地域に生活するすべての生物と、それらの生物をとりまく水や土などの環境とを、一つのまとまりとしてとらえたものを何というか。答えなさい。

(2) **図1**において、Dにあてはまるものはどれか。最も適当なものを、次の**ア〜エ**から選び、記号で答えなさい。

　**ア** 生産者　　　　　　　　**イ** 分解者
　**ウ** 消費者（草食動物）　　**エ** 消費者（肉食動物）

(3) ある草地では、生息する生物が**図2**の生物のみで、生物の数量のつり合いが保たれていた。この草地に、外来種が持ちこまれた結果、各生物の数量は変化し、ススキ、カエル、ヘビでは最初に減少が、バッタでは最初に増加が見られた。この外来種がススキ、バッタ、カエル、ヘビのいずれかを食べたことがこれらの変化の原因であるとすると、外来種が食べた生物はどれか。ただし、この草地には外来種を食べる生物は存在せず、生物の出入りはないものとする。

**2** 自然界における生物どうしの関わりについて、次の(1)、(2)の問いに答えなさい。　　　　　　[2021石川]

(1) 図は、ある生態系における、植物、草食動物、肉食動物の数量の関係を模式的に表したものである。図のつり合いのとれた状態から何らかの原因で草食動物の数量が減少した場合、もとのつり合いがとれた状態にもどるまでに、それぞれの生物の数量は変化していく。このとき、次のA〜Cを変化が起こる順に並べたものはどれか。最も適当なものを、あとの**ア〜エ**から選び、記号で答えなさい。

　**A** 植物は減り、肉食動物はふえる。
　**B** 植物はふえ、肉食動物は減る。
　**C** 草食動物がふえる。

　**ア** A→B→C　　**イ** A→C→B　　**ウ** B→A→C　　**エ** B→C→A

(2) 自然界で生活している生物の間には、食物連鎖の関係がある。生態系の生物全体では、その関係が網の目のようにつながっている。このようなつながりを何というか、書きなさい。

3 次の図は、生態系における炭素の循環を模式的に示しており、矢印は炭素の流れを表している。これについて、あとの(1)〜(3)の問いに答えなさい。

[2021岡山]

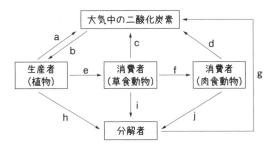

(1) 太朗さんは観察した生物を図の生産者(植物)、消費者(草食動物)、消費者(肉食動物)、分解者に分けようと考えた。内容が適当なものを、次の**ア**〜**オ**からすべて選び、記号で答えなさい。

**ア** エンドウは、光合成を行うので生産者といえる。

**イ** シイタケは、ほかの生物を食べる生物ではないので生産者といえる。

**ウ** ウサギは、生産者を食べるので消費者(草食動物)といえる。

**エ** モグラは、土中のミミズなどを食べるので分解者といえる。

**オ** カビは、生物の死骸などから栄養分を得ているので分解者といえる。

(2) 呼吸の作用による炭素の流れとして適当なものを、図の**a〜j**からすべて選び、記号で答えなさい。

(3) 次の文章の下線部にある変化として適当なのは、**ア**、**イ**のどちらですか。また、文章中にあるように植物の生物量が回復する理由を、肉食動物の生物量の変化による影響がわかるように説明しなさい。

生態系では、野生生物の生物量(生物の数量)は、ほぼ一定に保たれ、つり合っている。何らかの原因で草食動物の生物量が増加した場合、植物の生物量は、一時的に減少しても多くの場合もとどおりに回復する。この植物の生物量の回復には、肉食動物の生物量の変化による影響が考えられる。

**ア** 一時的に増加する    **イ** 一時的に減少する

4 火山のもたらす恵みの一つに地熱発電がある。地熱発電は、地下のマグマの熱エネルギーを利用して発電しているため、発電量が天候に左右されず、二酸化炭素を排出しないという長所がある。発電方法と発電に利用するエネルギー、長所の組み合わせとして最も適当なものを、次のア〜エから選び、記号で答えなさい。

[2022香川]

|   | 発電方法 | 発電に利用するエネルギー | 長所 |
|---|---|---|---|
| **ア** | 風力発電 | 風による空気の運動エネルギー | 発電量が天候に左右されない |
| **イ** | バイオマス発電 | 生物資源の燃焼による熱エネルギー | 大気中の二酸化炭素を減少させる |
| **ウ** | 水力発電 | 高い位置にある水の位置エネルギー | エネルギー変換効率が高い |
| **エ** | 太陽光発電 | 太陽光の熱エネルギー | 発電量が安定している |

監修者紹介

## 清水　章弘 （しみず・あきひろ）

◉──1987年、千葉県船橋市生まれ。海城中学高等学校、東京大学教育学部を経て、同大学院教育学研究科修士課程修了。新しい教育手法・学習法を考案し、東大在学中に20歳で起業。東京・京都・大阪で「勉強のやり方」を教える学習塾プラスティーを経営し、自らも授業をしている。
◉──著書は『現役東大生がこっそりやっている 頭がよくなる勉強法』（PHP研究所）など多数。青森県三戸町教育委員会の学習アドバイザーも務める。現在はTBS「ひるおび」やラジオ番組などに出演中。

## 安原　和貴 （やすはら・かずき）

◉──1992年、群馬県中之条町生まれ。群馬県立前橋高等学校、慶應義塾大学理工学部を経て、同大学院理工学研究科修士課程修了。ソニー株式会社にて研究開発に従事した後、プラスティー教育研究所に参画。現在はプラスティー教育研究所の理科の主任を務めながら、全国の学校でサイエンス講座を行っている。
◉──執筆協力に『高校入試の要点が1冊でしっかりわかる本　5科』（かんき出版）など。現在は朝日新聞EduAにてサイエンスに関する記事を連載中。

## プラスティー

東京、京都、大阪で中学受験、高校受験、大学受験の塾を運営する学習塾。代表はベストセラー『現役東大生がこっそりやっている、頭がよくなる勉強法』（PHP研究所）などの著者で、新聞連載やラジオパーソナリティ、TVコメンテーターなどメディアでも活躍の幅を広げる清水章弘。
「勉強のやり方を教える塾」を掲げ、勉強が嫌いな人のために、さまざまな学習プログラムや教材を開発。生徒からは「自分で計画を立てて勉強をできるようになった」「自分の失敗や弱いところを理解し、対策できるようになった」の声が上がり、全国から生徒が集まっている。
学習塾運営だけではなく、全国の学校・教育委員会、予備校や塾へのサービスの提供、各種コンサルティングやサポートなども行っている。

こうこうにゅうし ようてん さつ ほん り か
高校入試の要点が1冊でしっかりわかる本 理科

2023年6月5日　　第1刷発行

監修者──清水　章弘／安原　和貴
発行者──齊藤　龍男
発行所──株式会社かんき出版
　　　　　東京都千代田区麹町4-1-4 西脇ビル　〒102-0083
　　　　　電話　営業部：03（3262）8011㈹　編集部：03（3262）8012㈹
　　　　　FAX　03（3234）4421　　　　　振替　00100-2-62304
　　　　　https://kanki-pub.co.jp/
印刷所──シナノ書籍印刷株式会社

Science

高校入試の要点が1冊で
しっかりわかる本　理科

# 別冊解答

解答と解説の前に、
「点数がグングン上がる！理科の勉強法」をご紹介します。
時期ごとにおすすめの勉強法があるので、
自分の状況に合わせて試してみてください。
解答と解説は4ページ以降に掲載しています。

# 理科の勉強法

点数がグングン上がる！

 **基礎力UP期（4月〜8月）**

● 「なぜ？」を考えながら覚えよう！

　理科はよく暗記科目だと言われるが、完全な丸暗記が必要なわけではない。物理・化学・生物・地学・環境の5分野すべて、「なぜ？」を考えながら学習をすることが大切だ。つまり、「原理に納得したうえで知識を覚えること」が必要なんだ。「なんで鉄ってさびるんだろう？」「なんで月の見え方って変わるんだろう？」など、気になることを普段からメモしておいたり、教科書の重要語句の説明の部分に線を引いたりすることを意識しよう。本書には現象の仕組みや用語の定義も細かく書いてある。必ず読み込み、印をつけるようにしよう。

● 暗記も大切！　「消える化ノート術」で覚えよう

　一方、重要語句の暗記ができていないと、いつまで経ってもテストの得点が安定しないのも事実。理科の重要用語の暗記には「消える化ノート術」がおすすめだ。学校の授業で先生が黒板に書いた重要なポイントをまとめるときや、問題集で間違えてしまった問題をノートに整理するときに、重要語句をオレンジペンで書くんだ。すると、赤いチェックシートをかぶせたときに消えるので、オリジナルの用語集になる（とくに、化学・生物・地学は暗記が多いので相性がいい）。教科書や参考書のようにすでに重要語句が記載されている場合には、赤いチェックシートをかぶせたときに消せるような緑マーカーの使用も有効なので試してみて。

　もちろん本書のオレンジの箇所も赤シートで消える。まさにこれが「消える化」だ。参考に作ってみてほしい。

 **復習期（9月〜12月）**

● 苦手な単元を把握し、問題を解き直そう！

　全分野をすでに学習済みのみなさんは、「絶対おさえる！」と「合格へのヒント」を読み込んでみよう。とくに、「合格へのヒント」には、その単元の学習の注意点が記載してある。すべて読み込むことで、自身の苦手な単元が明確になるはずだ。

　苦手な単元がわかったら、「確認問題」を順番に解き、抜けている知識がないか確認してみよう。問題を解くときは、「〇△×管理法」がおすすめ。〇は「解説を見ずに正解できた問題」、△は「解説を読めば理解できた問題」、そして×は「解説を読んでも理解できなかった問題」だ。×の問題は先生や友達に質問して理解できれば△に書き換え、△の問題は後日何も見ずに解くことができれば〇に書き換え、最後はすべての問題が〇印になることを目指そう！

**「〇△×管理法」のやり方**

準備するもの：ノート2冊（1冊目を「演習ノート」、2冊目を「復習ノート」と呼びます）
❶ 問題を「演習ノート」に解く。丸つけをするときに、問題集の番号に「〇」「△」「×」をつけて、自分の理解状況をわかるようにする。

❷ △の問題は解答・解説を閉じて「復習ノート」に解き直す。「答えを写す」のではなく、自分で考えながら解き直して、答案を再現する。

❸ ✕の問題は先生や友人に質問したり、自分で調べたりしたうえで「復習ノート」に解き直す。

| Chapter10 | 水溶液の性質 |

**確認問題**

❶ 20℃の水100gに、塩化ナトリウム35.8gをすべてと
　(1)、(2)に答えなさい。

○ (1) 水のように、物質をとかしている液体を何というか

△ (2) 塩化ナトリウム53.7gをすべてとかして飽和水溶液

✕ ❷ ろ過の操作として最も適当なものを、右のア〜
　エから選び、記号で答えなさい。

## ● 重要語句を自分で説明できるようになろう！

　ただ、すべてに目を通しても、なかなか問題を解ききることができないのが理科の難しさ。「これは覚えたはず」という知識でも、いざ問題として問われると間違えてしまうことも多い。

　問題を解ききることができない大きな要因は、原理の本質をとらえることができておらず、自分の言葉で重要語句の説明ができるまでは理解ができていないことだ。そこでおすすめしたいのが「なりきり先生勉強法」。教科書や参考書の重要用語を、まるで自分が先生になったかのように、「この用語の意味は○○でね……」と、友達や親に解説するんだ。恥ずかしい人は、ひとりごとでも構わない。最初はなかなかスムーズに説明できないかもしれないが、逆にうまくいかないことで、正確に理解できている単元と理解できていない単元を区別できる。

　とくに本書の内容では、「絶対おさえる！」やオレンジの重要語句を中心に、内容を説明する練習をしてみよう。余力がある人は右側の「注意」「参考」まで説明できると完璧。うまく説明ができなかったときには、教科書に戻り、知識の整理をしたうえでリベンジしよう！　この時期に原理の正確な理解ができていると、記述問題の苦手意識も少しずつなくなってくるはずだ。

## 📅 まとめ期（1月〜受験直前）

## ● 差がつく入試問題① 「表・グラフが出てくる」問題

　この時期に本書を手にとってくれたみなさんは、優先度を考えながら復習を。すべてを読み込みたい気持ちは抑え、まずは全分野の「絶対おさえる！」「基礎力チェック」に目を通そう。

　それが終わったら、過去問演習に取り組もう。理科の入試問題で差がつくのが、「表・グラフが出てくる」問題と「実験」の問題の2つ。「表・グラフが出てくる」問題は、問題文と表・グラフを見比べ、見落としている条件がないよう重要箇所に印をつけながら、細心の注意を払って解こう。グラフの横軸・縦軸の単位に注目して、グラフが何を表しているか把握しよう。

## ● 差がつく入試問題② 「実験」の問題

　「実験」の問題では、「目的」を考える習慣が大切になる。実験をするということは、何か「明らかにしたいこと」があるはず。光合成の実験なら、他の条件を揃えたうえで「光をなくしたらどうなるか？」「葉緑体がない部分だとどうなるか？」という対照実験をすることで、光合成の原理を明らかにする。「実験」の問題は、問題文が長文になることも多く苦手な人も多いが、「この問題で明らかにしたいことは何か？」を意識することで一気に解きやすくなるんだ。また、解き終わった直後に実験の目的と手法を要約する習慣が身につくと得点アップ間違いなし！　そして解ききれない問題があったら、新しく知った知識を直接本書に書き込むようにしよう。

　理科は、重要語句の整理や「なぜ」を考え続けることで、他教科と比べて直前まで成績が伸びる。当日まで自分の勉強のやり方を信じて、勉強を続けていこう！

## 1 光

本冊 P.010, 011

### 解答

**1** I ウ　II エ

**2** (1) エ　(2) 40度

**3** 全反射

**4** (1) 実像　(2) 20cm

(3)

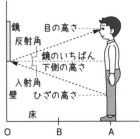

(4) ア

### 解説

**1** 位置Aに立っ
たとき、ひざから
出た光は、鏡のい
ちばん下側で反
射して目に届い
ている。このと
き、光の反射の法

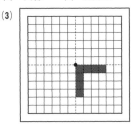

則より、入射角と反射角の大きさは等しくなるた
め、ひざから鏡のいちばん下側までの高さと、鏡の
いちばん下側から目までの高さは同じになる。ひざ
の高さや鏡のいちばん下側の高さ、目の高さは変わ
らないので、位置Aから位置Bまで近づいても、ひ
ざから出て鏡に反射する光の入射角が大きくなり、
鏡にうつって見える範囲は変わらない。

**2** (1) 水面や鏡で反射してできる像は、左右はそのま
まで、上下が逆向きに見える。

(2) 屈折角は、屈折した光と水面に垂直な直線との
間の角である。水面と屈折した光との間の角度が
130°だから、屈折角は、130°－90°＝40°である。

**3** 光が水中やガラス中から空気中に進むとき、境界
面で光が屈折せずにすべて反射する現象を全反射
という。光ファイバーは、この現象を利用している。

**4** (1) 凸レンズを通過する際に光は屈折する。このと
き、凸レンズで屈折した光が1点に集まってでき
る像を実像という。実像はスクリーンにうつすこ
とができる。

(2) 物体が焦点距離の2倍の位置にあるとき、焦点

距離の2倍の位置に物体と同じ大きさの実像が
できる。実験に用いた凸レンズの焦点距離は
10cmだから、凸レンズとスクリーンの距離は、
10cm×2＝20cmである。

(3) スクリーンにできた実像は、実物と上下左右が
逆向きになるので、フィルターの図形は、**図2**と
上下左右が逆向きである。サンベさんは凸レンズ
側からスクリーンを見ているので、観察できる図
形は、実物と左右が逆向きになる。

(4) 物体が焦点距離の2倍の位置と焦点の間にあ
るとき、焦点距離の2倍より遠い位置に、実物よ
りも大きい像ができる。

## 2 音

本冊 P.014, 015

### 解答

**1** (1) イ

(2)

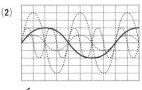

イ

**2** (1) イ　(2) ア

**3** (1) ア　(2) 400Hz

(3) B…Y　　C…X　　D…Z

### 解説

**1** (1) 振動数とは、音源が1秒間に振動する回数のこ
とをいう。横軸の1目盛りが0.0005秒で、**図2**
では4目盛りで1回振動していることから、振動
数は、1÷(0.0005×4)＝500Hzとなる。

(2) 振動数が**図2**の半分の場合、音が1回振動する
ときの目盛りの数が2倍となるので、8目盛りで
1回振動する。また、波形の振幅は**AB**間の長さ
に関わらず一定なので、振幅は**図2**と同じにな
る。弦が長くなるほど音の振動数が少なくなり、
音が低くなる。

**2** (1) 空気中を音が伝わる速さは約340m/sである
のに対し、光の速さは約30万km/sなので、雷が
発生したときには、光が見えたあとに音が聞こえ
始める。

(2) 19時46分03秒－19時45分56秒＝7秒より、
光が見えた瞬間の時刻と音が聞こえ始めた時刻と

の差は7秒なので、観測した場所からこの雷までの距離は、340m/s×7s＝2380m＝2.38kmである。

**3** (1) 音さの振動によって水面は振動し、まわりに波が次々と広がっていく。また、音さを強くたたくほど水面の振動は激しくなる。

(2) 5回振動するのに0.0125秒かかることから、音さAの振動数は$\frac{5}{0.0125}$＝400Hzである。

(3) 実験2の(b)より、音さA、Bの振動数は同じであることがわかる。さらに、実験2の(a)より、音さDの振動数は音さB、Cの振動数よりも多いとわかる。よって、**図3**の波形と振動数が同じ**Y**は音さBの波形、振動数が最も多い**Z**は音さDの波形、残る**X**は音さCの波形とわかる。

---

## 3　力　本冊 P.018, 019

### ■解答

**1**　**イ**

**2** (1)①　**比例**　②　**フック**

(2)　**イ**　　(3)　**1cm**　　(4)　**4倍**

**3** (1)

(2)　**ア、オ**

### ■解説

**1**　ばねAに0.4Nのおもりをつるしたときのばねののびは2cmなので、ばねAに200g(2N)のおもりをつるしたときののびは、2cm×$\frac{2.0N}{0.4N}$＝10cmとなる。同様に、ばねBに0.8Nのおもりをつるしたときのばねののびは6cmなので、ばねBに150g(1.5N)のおもりをつるしたときののびは、6cm×$\frac{1.5N}{0.8N}$＝11.25cm、ばねCに0.4Nのおもりをつるしたときのばねののびは6cmなので、ばねCに70g(0.7N)のおもりをつるしたときののびは、6cm×$\frac{0.7N}{0.4N}$＝10.5cmとなる。

**2** (1)　ばねののびがばねに加えた力の大きさに比例することを、フックの法則という。

(2)　測定値には誤差がふくまれるため、グラフをかくときには、すべての点をつないで折れ線をかくのではなく、すべての点(・)のなるべく近くを通

るように、原点から直線を引く。

(3)　質量20gの磁石Aにはたらく重力は0.2Nなので、**図2**より、手順1でのばねののびは1cmである。

(4)　磁石Aと磁石Bの距離が2.0cmのときのばねののびは5.0cmだが、このうち1.0cmは磁石Aにはたらく重力によるのびなので、磁石Bが磁石Aを引く磁力によるばねののびは、5.0cm－1.0cm＝4.0cmとなる。同様に、磁石Aと磁石Bの距離が4.0cmのときのばねののびは2.0cmで、このうち磁石Bが磁石Aを引く磁力によるばねののびは、2.0cm－1.0cm＝1.0cmとなる。ばねののびはばねに加えた力に比例するので、$\frac{4.0cm}{1.0cm}$＝4より、手順2で、磁石Aと磁石Bの距離が2.0cmのときの磁石Bが磁石Aを引く磁力の大きさは、磁石Aと磁石Bの距離が4.0cmのときの磁力の大きさの4倍である。

**3** (1)　【結果】より、ばねAのもとの長さは8.0cmなので、原点と(20、2)、(40、4)、(60、6)、(80、8)、(100、10)を点(・)で記入し、それぞれの点を結ぶと原点を通る直線となる。

(2)　**ア**：フックの法則より、ばねAもばねBも、おもりの質量を2倍にするとばねののびも2倍になる。**イ**：おもりの質量とばねののびが比例関係になっているので誤り。**ウ**：同じ質量のおもりをつるしたときのばねAとばねBののびは異なるので、40gのおもりをつるしたとき、ばねAののびとばねBののびは等しくならない。誤り。**エ**：【結果】より、おもりの質量が変わると、ばねAとばねBのばね全体の長さの差も変わっている。誤り。**オ**：おもりの質量が20gのとき、ばねBののび(4.0cm)は、ばねAののび(2.0cm)の2倍になっている。これは、おもりの質量が40g～100gの場合でもあてはまる。

---

## 4　電流の性質　本冊 P.022, 023

### ■解答

**1** (1)　**ア、ウ**　　(2)　**40Ω**

(3)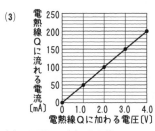

(4) 1.0V　　(5) 9.0倍

**2** (1) 12.6Ω　　(2) 1.89A　　(3) エ

**3** (1) 4.0Ω　　(2)① ア　　② エ　　(3) ウ

### 解説

**1** (1) 電流をはかろうとする回路に対して直列につなぐのは電流計、はかりたい部分に並列につなぐのは電圧計である。電流の大きさが予想できない場合は、はじめに最も値の大きい5Aの一端子につなぐようにする。

(2) **表1**より、電熱線Pの抵抗は、$\dfrac{4.0V}{0.1A}=40\ \Omega$となる。

(3) **図1**のスイッチ①とスイッチ②を入れると、電熱線Pと電熱線Qの並列回路になる。**表2**の電流の値は、並列回路において電熱線Pと電熱線Qに流れた電流の和なので、電熱線Qに流れる電流の大きさは、(電圧、電流)＝(1.0V、50mA)、(2.0V、100mA)、(3.0V、150mA)、(4.0V、200mA)となる。電流の値をかくことができるように、縦軸の(　)には50mAごとに数値を入れ、値を点(・)で記入し、原点を通る直線を引く。

(4) **図2**は電熱線Pと電熱線Qの直列回路で、全体の抵抗は、$\dfrac{3.0V}{0.05A}=60\ \Omega$なので、電熱線Qの抵抗は、$60\ \Omega-40\ \Omega=20\ \Omega$である。よって、実験Ⅱの電熱線Qに加わっている電圧は、$20\ \Omega\times0.05A=1.0V$とわかる。

(5) **表2**より、**図1**の装置のすべてのスイッチを入れた回路全体に75mAの電流が流れるのは、電圧計が1.0Vを示すときなので、このとき電熱線Pに流れる電流は25mA＝0.025Aである。よって、**図1**の装置で電熱線Pの消費する電力は、$1.0V\times0.025A=0.025W$である。(4)より、**図2**の装置で電圧計が3.0Vを示すとき、電熱線Pに加わる電圧は2.0Vなので、回路全体に流れる電流が75mAになるとき、電熱線Pに加わる電圧は、$2.0V\times\dfrac{75mA}{50mA}=3.0V$となる。よって、**図2**の装置で電熱線Pの消費する電力は、$3.0V\times0.075A=$

0.225Wである。$\dfrac{0.225W}{0.025W}=9$より、9倍である。

**2** (1) $S_1$を入れて$S_2$と$S_3$を切ると、豆電球$X_1$と豆電球Yの直列回路となる。〔実験〕①より、豆電球$X_1$の抵抗は、$\dfrac{3.8V}{0.5A}=7.6\ \Omega$、豆電球Yの抵抗は、$\dfrac{3.8V}{0.76A}=5\ \Omega$と求めることができるので、豆電球$X_1$と豆電球Yの直列回路の抵抗は、$7.6\ \Omega+5\ \Omega=12.6\ \Omega$である。

(2) $S_2$と$S_3$を入れて$S_1$を切ると、豆電球$X_2$と豆電球Yの並列回路となるので、回路全体に流れる電流の大きさは、$\dfrac{5.7V}{7.6\ \Omega}+\dfrac{5.7V}{5\ \Omega}=0.75A+1.14A=1.89A$である。

(3) 〔実験〕③で豆電球$X_1$と豆電球Yに流れる電流の大きさは、$\dfrac{5.7V}{12.6\ \Omega}=0.452\cdots$より、約0.45A。(2)より、〔実験〕④で豆電球$X_2$に流れる電流の大きさは0.75A、豆電球Yに流れる電流の大きさは1.14Aなので、最も大きな電流が流れる〔実験〕④の豆電球Yが最も明るく点灯する。

**3** (1) $\dfrac{8.0V}{2.0A}=4.0\ \Omega$となる。

(2) 実験1で電熱線a、bの両端に加えた電圧は等しく、**図2**より、電流を流し始めてからの時間が同じときの水の上昇温度は電熱線aのほうが高いことから、電熱線bよりも電熱線aに流れる電流が大きいことがわかる。電力＝電圧×電流で求めることができるので、電熱線bよりも電熱線aが消費する電力のほうが大きい。また、電熱線bよりも電熱線aに電流が流れやすいことから、電熱線aのほうが抵抗が小さいとわかる。

(3) 電熱線aの両端に加える電圧を4.0Vにしたときに流れる電流の大きさは、$\dfrac{4.0V}{4.0\ \Omega}=1.0A$で、このときの消費電力は、$4.0V\times1.0A=4.0W$である。電流を流し始めてからの時間が同じ場合、水の上昇温度は電力に比例し、電熱線aの両端に加える電圧を8.0Vにしたときの消費電力は、$8.0V\times2.0A=16.0W$なので、電流を流し始めてからの1分あたりの水の上昇温度は、電圧を8.0Vにしたときの$\dfrac{1}{4}$倍である0.5℃になると考えられる。電流を流し始めてから$x$分後に電熱線aの両端に加える電圧を8.0Vから4.0Vに変えたとすると、$2x+0.5(8-x)=8.5$だから、$x=3$分後＝180秒後となる。

## 5　静電気と電流、電流と磁界　本冊 P.026, 027

### 解答

**1** (1) あ…－　い…＋　う…－　　(2)　放電

**2** (1)　真空放電　　(2)① －　　② －　　③ ＋

**3** (1)　ア

(2)　(例)導線から遠いほど磁界は弱い。(導線に近いほど磁界は強い。)

(3)　ウ　　(4)　電磁誘導

(5)　(例)磁石を速く動かす。

(6)　(例)左に振れたあと右に振れた。

### 解説

**1** (1)　綿の布で十分にこすったガラス棒は＋の電気を帯びており、このガラス棒をストローへ近づけると引き合ったことから、ストローは－の電気を帯びているとわかる。このストローはティッシュペーパーと引き合ったことから、ティッシュペーパーは＋の電気を帯びているとわかる。異なる種類のものをこすり合わせると、－の電気が移動することによって、電気を帯びる。このとき、＋の電気よりも－の電気が多くなったストローは－の電気を帯び、＋の電気よりも－の電気が少なくなったティッシュペーパーは＋の電気を帯びる。

(2)　たまっていた静電気が流れ出したり、電流が空間を流れたりする現象を放電という。

**2** (1)　クルックス管内のように、気体の圧力を小さくした空間に電流が流れる現象を、真空放電という。

(2)　電子が出る側の電極Aは－極で、電子が－の電気をもつため、AB間に電圧をかけると＋極である電極Bに向かって直進するが、さらにCD間にも電圧をかけると、＋極である電極Cに引きつけられて電子の流れが電極C側へ曲がる。

**3** (1)　コイルのA→Bの向きに流れる電流を右ねじが進む向きに見立てると、コイルのABのまわりに右ねじを回す向きが磁界の向きとなるので、方位磁針のN極の指す向きはアとなる。

(2)　方位磁針のN極は磁界の向きに振れ、磁界が生じていないところではN極が北の向きを指すので、導線から遠いほど磁界が弱くなることがわかる。

(3)　(ⅰ)のときよりも電気抵抗の小さい抵抗器を回路につないで電圧を(ⅰ)と等しくすると、コイ

ルに流れる電流が大きくなるので、コイルは(ⅰ)の15°よりも大きく動く。また、電流の向きを(ⅰ)とは逆向きにしているので、(ⅰ)とは反対向きにコイルが動く。

(4)　コイルの中の磁界を変化させたときに電圧が生じて、コイルに電流が流れる現象を電磁誘導という。

(5)　図5の実験器具をかえずに、発生する誘導電流を大きくするためには、磁石を速く動かして、磁界の変化を大きくする。

(6)　(ⅱ)で棒磁石のS極をPからQへ水平に動かしたとき、棒磁石のS極がコイルに近づいたあと遠ざかっている。よって表より、検流計の針は左に振れたあと右に振れる。

## 6　力の合成・分解、水圧と浮力　本冊 P.030, 031

### 解答

**1** (1)　5N

(2)

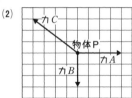

**2**

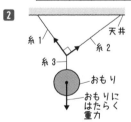

**3** (1)　0.45N　　(2)　30.0cm³　　(3)　0.15N

(4)　ウ

**4** (1)① イ　　② ウ　　(2)　0.33N

**5** (1)　0.2N

(2)物体…B

理由…　(例)物体Aと物体Bの質量は等しいが、物体Bのほうが大きな浮力を受けているので、物体Bのほうが体積が大きいから。

### 解説

**1** (1)　力Aと力Bを2辺とする平行四辺形の対角線が力Aと力Bの合力で、この合力は、力A(4目盛り分)と力B(3目盛り分)を2辺とする直角三

角形の斜辺でもある。三平方の定理より、合力は、$\sqrt{4^2 + 3^2} = 5$より、5目盛り分で5Nである。

(2) 力Cは力Aと力Bの合力とつり合っているので、力Aと力Bの合力と同じ大きさで反対向き、一直線上にある力の矢印で表される。

**2** 糸1と糸2が糸3を引く力の合力は、おもりにはたらく重力とつり合っており、糸1と糸2が糸3とつながっている部分を作用点とし、おもりにはたらく重力と同じ大きさで反対向き、一直線上にある力の矢印で表される。この合力を平行四辺形の対角線としたとき、糸1と糸2の方向にある2辺が、糸1と糸2が糸3を引く力の矢印となる。

**3**(1) 操作1の結果より、物体Aにはたらく重力は0.45Nで、これは空気中でも水中でも変わらない。

(2) **図4**のメスシリンダーの水面の目盛りは50.5cm³と読みとることができるので、物体Aの体積は、50.5cm³ − 20.5cm³ = 30.0cm³ となる。

(3) 水中の物体Aにはたらく浮力の大きさは、物体Aの水中にある部分の体積と同じ体積の水にはたらく重力の大きさに等しい。100gの物体にはたらく重力の大きさは1N、水1cm³の質量は1gで、物体Aの水中にある部分の体積は30.0cm³なので、物体Aにはたらく浮力は、1g × 30.0cm³ ÷ 100 = 0.3Nとなる。よって、ばねばかりが示す値は、0.45N − 0.30N = 0.15Nである。

(4) 水の深さが深くなるほど水圧は大きくなるので、**ウ**が正解。

**4**(1) 物体を水に入れたとき、物体にはたらく浮力よりも重力が大きい場合は水に沈み、浮力よりも重力が小さい場合は水に浮く。実験1では、物体**X**が水に沈んだことから、物体**X**にはたらく浮力の大きさよりも重力の大きさが大きいとわかる。また、物体**Y**は一部を水面に出したまま水に浮いて静止したことから、物体**Y**にはたらく浮力の大きさと重力の大きさは同じである。

(2) 実験2より、物体**X**がすべて水に沈んだときにはたらく浮力の大きさは、0.84N − 0.73N = 0.11Nである。**図3**より、物体**X**、**Y**がすべて水に沈んだときにはたらく浮力の合計は、0.84N + 0.24N − 0.64N = 0.44Nなので、このとき物体**Y**にはたらく浮力の大きさは、0.44N − 0.11N = 0.33Nである。

**5**(1) 1N − 0.8N = 0.2N

(2) 物体**B**にはたらく浮力は0.4Nで物体**A**にはたらく浮力よりも大きく、浮力が大きくなるのは水中にある部分の体積が大きい場合なので、物体**B**の体積のほうが大きいとわかる。密度 = $\dfrac{\text{質量}}{\text{体積}}$ より、質量が一定の場合、体積が大きいほど物体の密度は小さくなる。

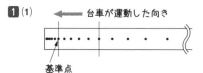

## 7 物体の運動

本冊 P.034, 035

**解答**

**1**(1)
← 台車が運動した向き

基準点

(2) 130cm/s

(3) (例)台車の運動の向きに力がはたらいていないから。

(4)ⓐ **ア** ⓑ **イ** (5) **ア**

**2**(1) 40cm/s (2) 等速直線運動 (3) **ウ**

(4) **エ**

**3** **イ**

**解説**

**1**(1) 記録タイマーは1秒間に50回点を打つので、$\dfrac{1}{50}$秒間で1回点を打つ。よって、$0.1 ÷ \dfrac{1}{50} = 5$ より、基準点から5打点目の位置が0.1秒後を表す。

(2) 表の**C**と**D**を合わせた区間の平均の速さは、(11.0cm + 15.0cm) ÷ 0.2s = 130cm/sとなる。

(3) 斜面上では台車の重力の斜面に平行な分力がはたらき続けていたので、斜面を下るにつれて速さが増すが、水平面上では台車の運動の向きに力がはたらいていないため、等速直線運動を行う。

(4) 斜面上の台車にはたらく垂直抗力は、斜面上の台車にはたらく重力の斜面に垂直な分力と同じ大きさなので、重力のほうが大きい。また、台車が斜面を下っている間、台車にはたらく重力は一定なので、重力の斜面に平行な分力の大きさも一定である。

(5) 斜面の傾きを大きくすると、台車にはたらく重力の斜面に平行な分力が大きくなるので、**ア**と**エ**のように、0.1秒間に台車が進む距離の増え方も大きくなる。また、台車が水平面に達したときの

速さ（0.1秒間に進む距離）は**図2**よりも速くなる。

**2**(1) テープ**A**の長さは4.0cmなので、実験①で
テープ**A**における台車の平均の速さは、4.0cm
÷ 0.1s = 40cm/sとなる。

(2) テープ**E**以降の長さが等しいのは、0.1秒ごと
に台車が進む距離が一定になっているためであ
る。このとき台車は水平な台の上を一定の速さで
運動している。このように、水平面を一定の速さ
で進む運動を、等速直線運動という。

(3) 実験①でおもりが落下している間、台車には運
動方向へ一定の力がはたらき続けるので速さが
増すが、おもりが床についてからは台車の運動方
向へ力がはたらかないため、台車は等速直線運動
を行う。実験②でも、おもりが落下している間は
木片に運動方向へ一定の力がはたらき続けるの
で速さが増すが、木片と台との間に摩擦がはたら
くため、速さの増す割合は実験①より小さく、お
もりが床につくまでの時間も実験①より長くな
る。おもりが床についてからは木片の運動方向へ
力がはたらかないため、摩擦によって木片の速さ
は小さくなる。

(4) おもりが落下している間、実験①では台車に運
動方向へ一定の大きさの力がはたらくが、実験③
では台車にはたらく重力のうち斜面に平行な分
力がさらにはたらくため、速さが変化する割合が
大きくなる。

**3** 力のつり合いの関係にある2力と作用・反作用の
関係にある2力は、どちらも大きさが等しく反対向
きで一直線上にあるが、力のつり合いの関係にある
2力は同じ物体にはたらくので、机が物体を押す力
（*A*）と物体にはたらく重力（*B*）である。作用・反作
用の関係にある2力は別々の物体にはたらくので、
机が物体を押す力（*A*）と物体が机を押す力（*C*）で
ある。

---

📖 **8 仕事とエネルギー** 　本冊 P.038, 039

**解答**

**1**(1)① 6N 　② 2.4J
(2)① 3N 　② 0.3W
(3) **(例)動滑車を使うと、ひもを引き上げる力は半
分になるが、ひもを引き上げる距離が2倍になる
ので、仕事の大きさは変わらない。**

**2**(1) 8.0N 　(2)**X**…イ 　**Y**…ウ

**3**(1) B
(2) 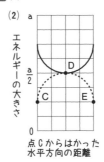 　(3)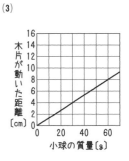

(4) 8cm

---

**解説**

**1**(1)① 質量100gの物体にはたらく重力は1Nなの
で、質量600gの物体をばねばかりにつるした
とき、ばねばかりが示す値は6Nである。

② 6N × 0.4m = 2.4Jとなる。

(2)(3) 動滑車を使うと、ひもを引き上げる力は半分
になるので、ばねばかりの示す値は、6N ÷ 2 =
3Nである。また、動滑車を使うとひもを引き上
げる距離が2倍の80cmになるので、仕事の大き
さは動滑車を使わないときと同じになる。実験2
で物体を床面から40cm引き上げるのにかかっ
た時間は、80cm ÷ 10cm/s = 8sなので、実験2
で物体を引き上げる力がした仕事の仕事率は、
$\frac{2.4J}{8s}$ = 0.3Wとなる。

**2**(1) 〈実験Ⅰ〉で物体を引き上げる力が物体にした
仕事の大きさは、14N × 0.80m = 11.2Jなので、
物体を引き上げる力の大きさは、11.2J ÷ 1.40m
= 8.0Nである。

(2) 〈実験Ⅱ〉で物体を引き上げる力が物体にした
仕事の大きさは、14N × 1.40m = 19.6Jで、〈実
験Ⅰ〉よりも〈実験Ⅱ〉のほうが仕事の大きさが大
きい。〈実験Ⅰ〉の仕事率は、$\frac{11.2J}{4.0s}$ = 2.8W、〈実
験Ⅱ〉の仕事率は、$\frac{19.6J}{7.0s}$ = 2.8Wなので、どち
らも仕事率は同じである。

**3**(1) 小球の位置が低くなるほど位置エネルギーが
運動エネルギーに移り変わるので、その分だけ小
球の速さが大きくなる。よって、最も低い位置の
点**B**で小球の速さが最も大きい。

(2) 小球が受ける摩擦や空気抵抗は考えないので、
小球がもつ位置エネルギーと運動エネルギーの

和である力学的エネルギーはつねに一定となる。点Dの高さは点Aの半分なので、点Dで小球がもつ位置エネルギーと運動エネルギーは等しく、力学的エネルギーの大きさは a とわかる。よって、運動エネルギーの大きさは、位置エネルギーの大きさとの和が a となるように変化する。

(3) 図4より、小球をはなす高さが一定のとき、小球の質量と木片が動いた距離は比例関係にあることがわかる。小球をはなす高さが8cmのときに木片が動いた距離は、小球の質量が20gでは、$4 \times \frac{8}{12} = \frac{8}{3}$ cm、小球の質量が30gのときは4cm、小球の質量が60gのときは8cmなので、これらの値を記入し、原点を通る直線を引く。

(4) 小球をはなす高さが6cm、小球の質量が60gのときに木片が動いた距離は6cmなので、小球をはなす高さが6cm、小球の質量が80gのときに木片が動く距離は、$6 \times \frac{80}{60} = 8$cmである。

## 9 物質の性質、気体の性質　本冊 P.042, 043

### 解答

**1** エ

**2** (1) $9.0g/cm^3$　(2) B、C、F　(3) エ

**3** ウ

**4** (1) イ

(2)① （例）試験管Pの中にあった空気がふくまれているから。

② （例）空気よりも密度が大きいから。

**5** (1) ウ

(2) アンモニアの気体は、水にとけやすく、空気よりも軽いから。

### 解説

**1** 点火したガスバーナーの空気の量が不足しているときには、ガス調節ねじ（調節ねじY）を押さえたまま空気調節ねじ（調節ねじX）だけをBの方向へ回して、空気の量を増やす。

**2** (1) 図3より、液面は52.0cm³を表しているので、銅球の体積は、52.0cm³ − 50.0cm³ = 2.0cm³である。よって、銅の密度は、$\frac{18g}{2.0cm^3} = 9.0g/cm^3$ となる。

(2) Bの密度は、およそ、$\frac{8g}{1cm^3} = 8.0g/cm^3$ である。図2において、原点とA〜Gの各点をそれぞ

れ通る直線を引くと、原点とB、C、Fがほぼ同じ直線上にあるので、B、C、Fが密度7.9g/cm³の鉄と考えられる。

(3) 密度 = $\frac{質量}{体積}$ で求めることができるので、質量が一定の場合は体積が大きいほど密度が小さくなり、体積が一定の場合は質量が大きくなるほど密度は大きくなる。

**3** 砂糖と食塩は水にとけるが、デンプンは水にとけない。また、ガスバーナーで加熱したとき、無機物である食塩は変化しないが、有機物である砂糖とデンプンは燃えて黒くこげる。よって、粉末Aは食塩、粉末Bは砂糖、粉末Cはデンプンとわかる。

**4** (1) 二酸化マンガンに過酸化水素水（オキシドール）を加えると、酸素が発生する。

(2)① ガラス管からはじめに出てくる気体には、試験管Pの中にあった空気が多くふくまれているため、はじめに出てくる気体は実験に使用しない。

② 二酸化炭素は水に少しとけるだけなので水上置換法で集めることができるが、密度が空気よりも大きいため、下方置換法で集めることもできる。

**5** (1) 塩化アンモニウムと水酸化カルシウムを混合して加熱すると、アンモニアが発生する。

(2) アンモニアは水に非常にとけやすいため、水上置換法で集めることができない。また、空気よりも軽い（密度が小さい）ため、図のような上方置換法で集める。

## 10 水溶液の性質　本冊 P.046, 047

### 解答

**1** (1) 溶媒　(2) 150g

**2** エ

**3** (1) 40g　(2) 50g　(3) 再結晶

(4) 28%

(5) （例）物質Bは温度による溶解度の変化が小さいから。

**4** 20%

**5** (1) エ

(2) （例）ろ紙のすきまより小さい水の粒子は通りぬけるが、デンプンの粒子は通りぬけることができないため。

(3)　飽和水溶液

(4)① **13.9g**　② **ウ**　③ **43.8g**

---

**解説**

**1** (1)　物質を液体にとかしたとき、物質をとかしている液体を溶媒といい、液体にとけている物質を溶質という。

(2)　水にとける塩化ナトリウムの質量は、水の質量に比例する。20℃の水100gにとかすことのできる塩化ナトリウムは35.8gだから、53.7gの塩化ナトリウムをすべてとかすためには、$100g × \dfrac{53.7g}{35.8g} = 150g$の水が必要である。

**2**　ろ過を行うときには、ろうとの先のとがったほうをビーカーの内側につけ、ガラス棒を伝わらせて液をろうとに注ぐ。

**3** (1)　80℃の水100gにとける物質**A**の質量は170gなので、80℃の水200gにとける物質**A**の質量は、$170g × \dfrac{200g}{100g} = 340g$である。よって、とかすことができる物質**A**の質量は、$340g - 300g = 40g$である。

(2)　Ⅳでとけていた物質**A**の質量は、$300g - 228g = 72g$である。30℃における物質**A**の溶解度は48gで、溶解度は、水の質量に比例するから、Ⅳでの水の質量は、$100g × \dfrac{72g}{48g} = 150g$である。よって、蒸発させた水の質量は、$200g - 150g = 50g$となる。

(3)　水溶液の温度を下げたり水を蒸発させたりして、一度とかした物質を再び固体としてとり出すことを再結晶という。

(4)　60℃の水200gにとける物質**B**の質量は78gだから、質量パーセント濃度は、$\dfrac{78g}{278g} × 100 = 28.0…$より、28%である。

(5)　物質**A**のように、温度が変化すると溶解度が大きく変化する物質の場合、飽和水溶液の温度を下げるととけきれなくなった溶質が結晶として現れるが、物質**B**のように温度による溶解度の変化が小さい物質は、飽和水溶液の温度を下げても結晶はほとんど現れない。

**4**　質量パーセント濃度は、$\dfrac{40g}{40g + 160g} × 100 = 20$より、20%である。

**5** (1)　物質が水にとけると、液の濃さはどの部分も均一になり、粒子が均一にとけた状態が続く。

(2)　ろ紙のすきまより小さい水の粒子だけがろ紙を通りぬけ、ろ紙のすきまより大きいデンプンはろ紙に残る。

(3)　溶質がそれ以上とけることのできなくなった状態を飽和といい、飽和状態の水溶液を飽和水溶液という。

(4)①　40℃の水100.0gにとかすことのできる硝酸カリウムは63.9gだから、この水溶液には、あと、$63.9g - 50.0g = 13.9g$の硝酸カリウムをとかすことができる。

②　15℃の水200.0gにとかすことのできる物質の質量は、硝酸カリウムが、$25.0g × \dfrac{200g}{100g} = 50.0g$、塩化ナトリウムが、$38.0g × \dfrac{200g}{100g} = 76.0g$で、2つの水溶液のうち1つだけから結晶が出てきたことから、最初に入れた物質の質量は、50.0g以上76.0g以下であることがわかる。よって、最初に入れた物質の質量は60.0gと考えられる。

③　質量パーセント濃度が30.0%の硝酸カリウム水溶液300.0gにとけている硝酸カリウムの質量は、$300.0g × \dfrac{30}{100} = 90.0g$だから、この水溶液は、$300.0g - 90.0g = 210.0g$の水に90.0gの硝酸カリウムがとけている。10℃の水210.0gにとかすことのできる硝酸カリウムは、$22.0g × \dfrac{210g}{100g} = 46.2g$だから、出てきた結晶の質量は、$90.0g - 46.2g = 43.8g$である。

---

### 11　物質のすがたと変化　本冊 P.050, 051

**解答**

**1** (1)　**状態変化**　(2)　**イ**　(3)　**ウ**

**2** (1)　**ウ**　(2)　**イ**

(3)記号…**A**

理由…　**(例)（選んだ物質では、物質の温度（60℃）が）融点より高く、沸点より低いから。**

**3** (1)　**(例)フラスコ内の液体が急に沸騰することを防ぐため。**

(2)　**イ**

(3)試験管**B**　**ウ**　　試験管**D**　**エ**

---

**解説**

**1** (1)　物質が温度によってすがたを変えることを状態変化という。

(2) 融点は固体が液体になるときの温度で、沸点は液体が気体になるときの温度である。塩化ナトリウムは、融点が801℃だから、20℃のときは固体である。

(3) ポリエチレンの袋にエタノールを少量入れて熱湯をかけると、エタノールの粒子の運動が熱によって激しくなり、粒子と粒子の間が広がって気体に変化するため、袋は大きくふくらむ。

**2** (1) 固体の物質を加熱していくと、固体がとけ始めてからすべてとけるまでの間は温度が一定となる。よって、物質**X**は、加熱時間がおよそ6分でとけ始め、およそ9分でとけ終わったと考えられる。

(2) 固体の物質がとけ始めるときの温度 $T$ を融点という。融点は物質によって決まっているため、物質の質量が変化しても変わらない。また、物質の質量が大きくなると、物質がとけ始めてからすべてとけるまでの時間は長くなる。

(3) 60℃のとき液体である物質は、融点が60℃よりも低く、沸点は60℃よりも高い物質**A**である。

**3** (1) 液体を加熱するときは、液体が急に沸騰するのを防ぐために、沸騰石を入れる。

(2) 沸騰が始まると、液体は気体に変化する。沸騰している間は、温度変化はほとんどない。実験Ⅱでは、加熱を開始して4分後にエタノールが沸騰し始め、その後、エタノールはすべて気体となり、加熱を開始して12分後に水が沸騰し始めている。

(3) 試験管**B**に集めた液体に火を近づけると、火がついてしばらく燃えたことから、試験管**B**に集めた液体には多くのエタノールがふくまれていることがわかる。試験管**D**に集めた液体に火を近づけると火はつかなかったが、試験管**D**に液体を集めているときは混合物の温度は100℃に達していないため、液体には少量のエタノールがふくまれていると考えられる。

## 12 いろいろな化学変化① 本冊 P.054, 055

**解答**

**1** (1) ア　　(2) ウ
(3) (例)水にとけると酸性を示す。

**2** (1) ア　　(2) 4Ag、O₂

**3** (1) ア

(2) (例)鉄が別の物質に化学変化したことにより、磁石に引きつけられる性質を失ったため。
(3) (例)直接かがないように、においを手であおぎよせる。
(4) Fe + S→FeS

**4** 分子

**解説**

**1** (1) 炭酸水素ナトリウムを加熱すると、炭酸ナトリウムと二酸化炭素、水が発生する。水は液体として試験管の口に付着し、塩化コバルト紙につけると、青色から赤色(桃色)に変化する。

(2) 加熱後の試験管**A**に残った白い粉末は炭酸ナトリウムで、炭酸水素ナトリウムも炭酸ナトリウムも水溶液はアルカリ性だが、炭酸ナトリウムの水溶液のほうがアルカリ性が強い。

(3) 二酸化炭素は水にとけると酸性を示す、石灰水を白くにごらせる、空気よりも密度が大きいなどの性質をもつ。

**2** (1) 黒色の酸化銀を熱すると、白い固体の物質と気体に分解される。白い物質は、銀である。銀は金属であるため、電気を通しやすい、こすると金属光沢が見られるなどの性質をもつ。

(2) 酸化銀($Ag_2O$)を加熱すると、銀($Ag$)と酸素($O_2$)に分解される。化学反応式では、矢印の左右で、原子の種類と数が等しくなるようにする。

**3** (1) 一度赤くなったあと、加熱をやめても反応は自然に続く。これは、反応で発生する熱によって、次の反応が進むためである。

(2) 鉄と硫黄が結びつくと硫化鉄になるが、硫化鉄には、鉄や硫黄がもつ性質は見られない。

(3) 気体の中には有害な物質もあるため、手で少量の気体をあおいで、そのにおいをかぐようにする。

(4) 鉄原子と硫黄原子が1:1の数の割合で反応し、硫化鉄となる。化学反応式では、矢印の左右で、原子の種類と数が等しくなるようにする。

**4** すべての物質は原子からなり、原子は種類が異なると、性質も異なる。原子がいくつか結びついて粒子になったものを分子といい、分子には、それを構成する各元素の性質は見られず、分子に特有の性質が見られる。

## 13　いろいろな化学変化②　本冊 P.058, 059

### 解答

**1**　(1)　水　　(2)　エ

**2**　(1)性質　アルカリ性　　名称　アンモニア

　　(2)　エ

**3**　(1)①　イ　　②　エ　　(2)　ウ

　　(3)　$2Cu + CO_2$

**4**　(1)　イ　　(2)　エ　　(3)　還元

### 解説

**1**　(1)　塩化コバルト紙は水と反応して青色から赤
　　（桃）色に変化するので、水素と酸素が激しく反応
　　して水が発生したことがわかる。

　　(2)　水素（$H_2$）と酸素（$O_2$）が反応して水（$H_2O$）がで
　　きる。化学反応式では、矢印の左右の原子の数と
　　種類が同じになるように、水素（$H_2$）と水（$H_2O$）の
　　分子の数を2とするので、$2H_2 + O_2 → 2H_2O$ と表
　　すことができる。

**2**　(1)　塩化アンモニウムと水酸化バリウムの混合物
　　に水を加えると、アンモニアが発生する。アンモ
　　ニアは水にとけるとアンモニア水となり、アルカ
　　リ性を示すようになる。フェノールフタレイン溶
　　液は、酸性と中性では無色だが、アルカリ性で赤
　　色を示す性質がある。

　　(2)　化学変化では必ず熱の出入りをともなうが、こ
　　の実験では、反応が進むとともに、温度が下がっ
　　ていくようすが確認できる。このような化学変化
　　を吸熱反応という。吸熱反応では、まわりから熱
　　を吸収して反応が進むため、温度が下がる。

**3**　(1)　実験で酸化銅と炭素の混合物を加熱すると、酸
　　化銅が還元されて銅ができる。銅は赤色の金属
　　で、かたいものでこすると金属光沢が現れる。

　　(2)　酸化銅と炭素の混合物を加熱すると、酸化銅が
　　還元されて銅となり、炭素が酸化されて二酸化炭
　　素が発生する。二酸化炭素を石灰水に通すと、石
　　灰水が白くにごる。

　　(3)　酸化銅＋炭素→銅＋二酸化炭素　の化学変化
　　が起こる。化学反応式では、矢印の左右で、原子
　　の種類と数が等しくなるようにする。

**4**　(1)　酸化銅（酸化物）から酸素がうばわれているの
　　で、酸化銅は還元され、銅に変化している。また、
　　水素は酸素と結びついて水に変化している。よっ
　　て、水素は酸化されて水になったといえる。

　　(2)　水の検出には、塩化コバルト紙を用いる。石灰
　　水は二酸化炭素の検出、リトマス紙やBTB溶液
　　は水溶液の性質を調べるときに用いる。

　　(3)　酸化物が酸素をうばわれる化学変化を還元と
　　いう。還元が起こる化学変化では、同時に酸化も
　　起こっている。

## 14　化学変化と物質の質量　本冊 P.062, 063

### 解答

**1**　(1)　二酸化炭素　　(2)　質量保存の法則

　　(3)　$(NaHCO_3 + HCl →)NaCl + H_2O + CO_2$

　　(4)　ウ

　　(5)

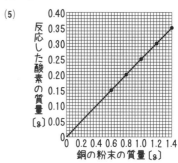

　　(6)　1.13g

　　(7)①　イ　　②　ウ

**2**　(1)　(例)ガラス管から空気が入って、銅と反応しな
　　いようにするため。

　　(2)　$2CuO + C → 2Cu + CO_2$

　　(3)　4：1

　　(4)　銅が4.80g、炭素粉末が0.30g

　　(5)

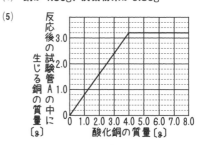

**3**　(1)　ビーカー C、D、E　　(2)　78%

### 解説

**1**　(1)(3)　炭酸水素ナトリウム（$NaHCO_3$）にうすい塩
　　酸（HCl）を加えると、塩化ナトリウム（NaCl）と
　　水（$H_2O$）、二酸化炭素（$CO_2$）が生じる。

　　(2)　化学変化の前後では原子の組み合わせは変化

するが、原子の種類と数は変化しないため、化学変化の前後で物質全体の質量は変化しない。このことを質量保存の法則という。

(4) 容器のふたを開けると、発生した二酸化炭素が容器の外に出ていくので、容器全体の質量が減少する。

(5) 反応した酸素の質量＝(酸化銅の質量)－(銅の粉末の質量)により求められる。表より、銅の粉末の質量と、反応した酸素の質量の関係は、次のようになる。

| 銅の粉末の質量〔g〕 | 0.60 | 0.80 | 1.00 | 1.20 | 1.40 |
|---|---|---|---|---|---|
| 反応した酸素の質量〔g〕 | 0.15 | 0.20 | 0.25 | 0.30 | 0.35 |

グラフの縦軸は、反応した酸素の質量の最大値（0.35）を表すことができるように、1目盛り0.01g、最大0.40gとなるようにして、値を点（・）で記入して原点を通る直線を引くとよい。

(6) 表より、銅：酸化銅＝0.60：0.75＝4：5の質量の比となるので、銅の粉末0.90gを十分に加熱してできる酸化銅の質量を$x$gとすると、4：5＝0.90：$x$　$x$＝1.125より、1.125gとわかる。よって、小数第3位を四捨五入して、1.13gとなる。

(7) 酸化銅と炭素の粉末の混合物を加熱すると、酸化銅から酸素がうばわれて銅となる。このときできた銅の質量は、酸化銅からうばわれた酸素の分だけ小さくなる。

**2** (1) 反応でできた銅が、空気中の酸素と再び反応するのを防ぐ。

(2) 酸化銅＋炭素→銅＋二酸化炭素となる。化学反応式は、矢印の左右で原子の種類と数が等しくなるようにする。

(3) 図2より、6.00gの酸化銅がすべて還元されて銅になると、質量は4.80gとなる。よって、酸化銅6.00g中にふくまれていた酸素の質量は、6.00g－4.80g＝1.20gとなる。したがって、銅の質量：酸素の質量＝4.80：1.20＝4：1

(4) 図2より、酸化銅6.00gと過不足なく反応する炭素粉末の質量は0.45gで、反応によって、4.80gの銅が生じることがわかる。酸化銅を6.00g用いる場合、炭素粉末の質量が0.45g以上になると、そのうち0.45gが還元に用いられるが、そのほかは未反応のまま残る。よって、0.75gの炭素粉末を用いると、このうち0.45gの炭素粉末によって

酸化銅6.00gが還元されて4.80gの銅を生じ、還元に用いられなかった炭素粉末、0.75g－0.45g＝0.30gが、未反応のまま残る。

(5) 0.30gの炭素と過不足なく反応する酸化銅の質量を$x$gとすると、6.00：0.45＝$x$：0.30　$x$＝4.00より、4.00gである。また、(3)より、銅と酸素は4：1の質量の比で結びつき、酸化銅をつくっていることから、酸化銅：銅の質量の比は、5：4となり、4.00gの酸化銅を完全に還元したときに生じる銅の質量を$y$gとすると、5：4＝4.00：$y$　$y$＝3.20より、3.20gとなる。よって、0.30gの炭素粉末と完全に反応する酸化銅の質量は4.00gで、反応後、試験管の中には3.20gの銅が残る。したがって、酸化銅の粉末が4.00gまでの間は酸化銅の質量に比例して、生じる銅の質量も増加するが、酸化銅の質量が4.00g以上になると、生じる銅の質量は増加せず、3.20gのまま一定となる。これは、未反応の炭素粉末がなくなるためである。

**3** (1) 表より、発生した二酸化炭素の質量は、ビーカー**A**では、61.63g＋0.40g－61.87g＝0.16g、ビーカー**B**では61.26g＋0.80g－61.74g＝0.32g、ビーカー**C**では、62.01g＋1.20g－62.75g＝0.46g、ビーカー**D**では、61.18g＋1.60g－62.32g＝0.46g、ビーカー**E**では、62.25g＋2.00g－63.79g＝0.46gである。うすい塩酸20cm³とちょうど反応する炭酸カルシウムの質量を$x$gとすると、0.40：0.16＝$x$：0.46　$x$＝1.15gなので、加えた炭酸カルシウムの質量が1.15gよりも大きいビーカー**C**～**E**では、炭酸カルシウムの一部が反応せずに残っている。

(2) うすい塩酸100cm³とちょうど反応する炭酸カルシウムの質量は、1.15g×$\frac{100cm^3}{20cm^3}$＝5.75gで、同時に発生する二酸化炭素の質量は、0.46g×$\frac{100cm^3}{20cm^3}$＝2.30gである。二酸化炭素を1.56g発生させる炭酸カルシウムの質量を$y$gとすると、5.75：2.30＝$y$：1.56　$y$＝3.90より、3.90gなので、石灰石にふくまれる炭酸カルシウムの質量の割合は、$\frac{3.90g}{5.00g}$×100＝78より、78％である。

## 15 水溶液とイオン、電池とイオン 本冊 P.066, 067

### 解答

**1** (1) ア　(2) エ　(3) ウ

**2** (1) $Zn^{2+}$　(2) ア

**3** (1) 順に、Mg、Zn、Ag　(2) $Zn \rightarrow Zn^{2+} + 2e^-$

(3) 銅　(4) ウ

(5) （例）2種類の水溶液が簡単には混ざらないが、電流を流すために必要なイオンは少しずつ通過できるようにする役割。

### 解説

**1** (1)(2)　電源装置の－極につないだ炭素棒**A**は陰極、＋極につないだ炭素棒**B**は陽極である。塩化銅水溶液中では塩化銅($CuCl_2$)が銅イオン($Cu^{2+}$)と塩化物イオン($Cl^-$)に電離しており、陰極（炭素棒**A**）には陽イオンである銅イオンが引きつけられて電子を受けとり、銅原子として付着する。陽極（炭素棒**B**）には陰イオンである塩化物イオンが引きつけられて電子を放出し、気体の塩素が発生する。

(3)　塩化銅($CuCl_2$)が電離して生じた銅イオン($Cu^{2+}$)は原子が電子を失ってできた陽イオンで、塩化物イオン($Cl^-$)は原子が電子を受けとってできた陰イオンである。食塩は電解質だが、砂糖は非電解質である。

**2** (1)　硫酸銅水溶液に亜鉛板を入れると、亜鉛板上で亜鉛原子(Zn)が電子($2e^-$)を放出して亜鉛イオン($Zn^{2+}$)になり、硫酸銅水溶液中の銅イオン($Cu^{2+}$)が電子を受けとって銅原子(Cu)となるため、亜鉛板上に銅が付着する。

(2)　(1)より、硫酸銅水溶液に亜鉛板を入れたときに亜鉛板上に銅が付着したのは、亜鉛原子が陽イオンになったためなので、銅よりも亜鉛のほうが陽イオンになりやすいとわかる。同様に、表の結果から、陽イオンへのなりやすさは、マグネシウム＞銅、マグネシウム＞亜鉛なので、これらを整理すると、マグネシウム、亜鉛、銅の順に陽イオンになりやすいといえる。

**3** (1)　銀のイオンをふくむ水溶液に亜鉛板を入れたとき亜鉛板の表面に銀が付着したのは、亜鉛原子が陽イオンになったためなので、銀よりも亜鉛のほうが陽イオンになりやすいとわかる。同様に、

マグネシウムのイオンをふくむ水溶液に亜鉛板を入れたとき亜鉛板の表面に変化がなかったのは、亜鉛原子が陽イオンにならなかったためなので、亜鉛よりもマグネシウムのほうが陽イオンになりやすいとわかる。よって、マグネシウム、亜鉛、銀の順に陽イオンになりやすい。

(2)〜(4)　ダニエル電池では亜鉛板が－極、銅板が＋極になるので、亜鉛板の表面では亜鉛原子(Zn)が電子($2e^-$)を放出して亜鉛イオン($Zn^{2+}$)となる。亜鉛板から銅板へ移動した電子は、硫酸銅水溶液中の銅イオン($Cu^{2+}$)が受けとって銅原子(Cu)となり、銅板の表面に銅が付着する。

(5)　電流が流れるほど、硫酸亜鉛水溶液中では亜鉛イオンが増加し、硫酸銅水溶液中では銅イオンの減少によって硫酸イオンの割合が増加するため、2つの水溶液で陽イオンと陰イオンのかたよりが生じ、電池のはたらきが低下してしまう。亜鉛イオンと硫酸イオンがセロハンを少しずつ通過することによって、電池のはたらきが低下することを防いでいる。

## 16 酸・アルカリとイオン 本冊 P.070, 071

### 解答

**1** (1) 記号　E　水溶液　アルカリ性

(2) $6cm^3$　(3) ウ

**2** (1)① X オ　Y イ　② 水酸化物イオン

(2)① $BaSO_4$　② ウ　③ $34cm^3$

### 解説

**1** (1)　pHの値は、酸性が強くなるほど小さく、アルカリ性が強くなるほど大きい。また、中性で7になる。pHの値が最も大きい水溶液は、アルカリ性が最も強い水溶液である。BTB溶液が青色（アルカリ性）を示しているのは水溶液**E**である。

(2)　**実験1**で、ビーカー**D**に入れたうすい塩酸の体積の合計は、$5cm^3 + 1cm^3 = 6cm^3$となる。ビーカー**D**にはうすい水酸化ナトリウム水溶液を$6cm^3$加えているので、うすい塩酸とうすい水酸化ナトリウム水溶液は、同じ体積ずつ加えると、完全に中和し、pHが7になることがわかる。ビーカー**K**に入れたうすい塩酸の体積の合計は、$5cm^3 \times 4 = 20cm^3$であり、うすい水酸化ナトリウム水

溶液の体積の合計は、2cm³ + 4cm³ + 8cm³ = 14cm³となる。うすい塩酸とうすい水酸化ナトリウムは、同体積を加えると完全に中和することから、加えるうすい水酸化ナトリウム水溶液の体積は、20cm³ − 14cm³ = 6cm³より、6cm³と求められる。

(3) 反応前のビーカー内には、H⁺2個とCl⁻が2個ずつあるため、合計4個のイオンが存在している。ここへ、Na⁺とOH⁻が1個ずつ加わると、Na⁺はそのまま水溶液中に残るが、OH⁻はビーカー内のH⁺と結合して水になるため、OH⁻とH⁺の2個のイオンが減少する。よって、水溶液X内のイオンの総数は変化しない。水溶液Xには、H⁺1個とCl⁻が2個、Na⁺が1個の合計4個のイオンがあり、ここへ、Na⁺とOH⁻がさらに1個ずつ加わると、Na⁺はそのまま水溶液中に残るが、OH⁻はビーカー内のH⁺と結合して水になるため、OH⁻とH⁺の2個のイオンが減少する。よって、水溶液Y内のイオンの総数は変化しない。水溶液Yには、Na⁺が2個、Cl⁻が2個の合計4個のイオンがあり、ここへNa⁺とOH⁻が1個ずつ加わっても、中和は起こらない。よって、Na⁺とOH⁻はどちらも水溶液中に残る。したがって、イオンの総数は、Cl⁻が2個、Na⁺が3個、OH⁻が1個の合計6個となる。

**2**(1)① フェノールフタレイン溶液は、酸性と中性では無色、アルカリ性で赤色を示す。BTB溶液は、酸性で黄色、中性で緑色、アルカリ性で青色を示す。

② BTB溶液を青色に変化させたり、赤色リトマス紙を青色に変化させたりする水溶液の性質は、アルカリ性である。アルカリ性の性質を示すのは、水酸化物イオンである。

(2)①② この実験では、水酸化バリウム + 硫酸→硫酸バリウム + 水　の反応が起こっている。この反応で生じた硫酸バリウムは、硫酸イオンとバリウムイオンが結びついてできた物質であり、水にとけにくい物質であるため電離しない。つまり、水溶液中に加えられた硫酸イオンは、水溶液が中性になるまでは、ビーカー中に1つも存在しない。水溶液が完全に中和したあとにうすい硫酸を加えると、硫酸イオンは結びつくバリウムイオンがないために、増加し始める。

③ 生じた沈殿の質量がはじめて0.85gに達したとき、うすい水酸化バリウム水溶液とうすい硫酸が過不足なく反応している。このとき加えたうすい硫酸の体積を $x$ cm³とすると、10：0.25 = $x$：0.85　$x$ = 34より、うすい水酸化バリウム水溶液40cm³と過不足なく反応するうすい硫酸の体積は、34cm³である。

本冊 P.074, 075

## 17 植物の体のつくりと分類

### 解答

**1** イ

**2**(1) エ　　(2) ア

(3) (例)胚珠が子房の中にあるから。　　(4) ウ

**3**(1)②…エ　　④…ウ

(2) A…ア　　B…ウ　　C…イ

**4**(1) 胞子　　(2) ア　　(3) ウ

### 解説

**1** ルーペは目に近い位置で持つ。手にとったものを観察するときは、ルーペは動かさず手にとったものを動かして見やすい位置をさがす。動かせないものを観察するときには、自分が動いて見やすい位置をさがす。

**2**(1) おしべの先端の袋状のつくりをやくという。やくの中には花粉が入っている。

(2) 被子植物は、子葉の数などのちがいで単子葉類と双子葉類に分類される。双子葉類は、花弁のようすで合弁花類と離弁花類に分類される。このうち、離弁花類に分類される植物は、花弁が1枚1枚はなれているつくりになっている。ツユクサは単子葉類、ツツジとアサガオは合弁花類である。

(4) 葉脈が網目状なので、アブラナは双子葉類であるとわかる。双子葉類の植物の茎の維管束は輪状に並び、根は主根と側根からなる。

**3**(1) タンポポとイチョウ、イネは種子をつくる種子植物、スギナとゼニゴケは種子をつくらない植物だから、①には「種子をつくる」があてはまる。また、スギナとゼニゴケは、葉、茎、根の区別があるかどうかで分類できるから、③には「葉・茎・根の区別がある」があてはまる。種子をつくる種子植物は、胚珠が子房の中にある被子植物と子房がなく胚珠がむき出しになっている裸子植物に

分類され、被子植物は、さらに、子葉の枚数が1枚の単子葉類と、子葉の枚数が2枚の双子葉類に分類される。したがって、②には「子房がある」があてはまり、④には「子葉が2枚ある」があてはまる。

(2)　タンポポは被子植物の双子葉類（**A**）、イネは被子植物の単子葉類（**B**）、イチョウは裸子植物（**C**）である。

**4** (2)　サクラは被子植物であるため、めしべとおしべがある花を咲かせる。めしべのもとはふくらんだ子房となっており、子房の中には胚珠が見られる。受粉後、子房は果実へ、胚珠は種子へ変化するため、サクラは果実（さくらんぼ）の中に種子ができる。イチョウは裸子植物であるため、花のつくりに子房がない。そのため、胚珠がむき出しでついている。よって、受粉後にできた種子は、果実のようなものの中には入っていない。食用となるぎんなんは、種子をおおうかたい殻の中身である。

(3)　被子植物のうち、アブラナは双子葉類、トウモロコシは単子葉類に分類される。単子葉類と双子葉類の植物には、それぞれ次のような共通の特徴が見られる。

単子葉類…子葉は1枚、葉脈は平行に通る。根はひげ根からなる。

双子葉類…子葉は2枚、葉脈は網目状に通る。根は主根と側根からなる。

---

## 18 動物の体のつくりと分類　本冊 P.078, 079

### 解答

**1** (1)　脊椎動物　　(2) X…肺　Y…皮膚

(3)　エ、カ

**2** (1)　外骨格　　(2)　ウ

**3**　イ

**4** (1)① 胎生　　② トカゲ、ハト

③ あ…えら　い…肺

(2)① 外とう膜　　② 節（または関節）

③ エ

### 解説

**1** (2)　カエルのような両生類の生物の成体は、おもに肺で呼吸を行うが、皮膚でも呼吸を行っている。

(3)　コウモリは哺乳類に分類される動物であるため、胎生であり、体表は毛でおおわれている。

**2** (1)　節足動物の体表は外骨格でおおわれているため、体やあしには曲げることができる節が見られる。

(2)　カブトムシは昆虫類、ミジンコは甲殻類、クモは昆虫類や甲殻類以外の節足動物である。

**3**　マイマイは軟体動物、タツノオトシゴは脊椎動物の魚類、ミミズとヒトデは、節足動物と軟体動物以外の無脊椎動物に分類される。

**4** (1)②　魚類のメダカ、両生類のイモリは水中に卵をうむ。は虫類のトカゲと鳥類のハトは陸上に卵をうむ。そのため、トカゲとハトの卵の表面には、中身の乾燥を防ぐ殻がある。

③　イモリは両生類に分類される動物なので、子と親で呼吸器官が異なる。子のときは水中で生活しているため、おもにえらで呼吸を行っているが、親になると、陸上で生活するようになるために、おもに肺で呼吸するようになる。

(2)①　アサリのような軟体動物は、内臓が外とう膜でおおわれた体のつくりをしている。

②　昆虫類や甲殻類などの節足動物は、体が外骨格におおわれているため、体を曲げることができるよう体やあしに多くの節が見られる。アサリは軟体動物なので、外骨格をもたず、体やあしに節が見られない。

③　無脊椎動物は、大きく3つ（節足動物、軟体動物、その他の無脊椎動物）のなかまに分けることができる。ミジンコは節足動物の甲殻類、イカは軟体動物、クラゲ、イソギンチャク、ミミズは、節足動物と軟体動物以外の無脊椎動物である。

---

## 19 生物と細胞、植物の体のつくりとはたらき　本冊 P.082, 083

### 解答

**1** (1) 光合成　　(2) 名称…師管　記号…ア

**2** (1)　水面からの水の蒸発を防ぐため。

(2)　気孔　　(3)　$d = b + c - a$

(4)　6時間　　(5) X…蒸散　Y…道管

**3** (1)　エ　　(2)　(例) 葉の緑色の部分を脱色するため。

(3)　デンプン

(4)① A　　② D　　③ A　　④ C

(5) ちがう結果となった部分…**C**

結果…（例）青紫色になった。

**解説**

**1** (1) より多くの葉に日光を受けることで、光合成を
　　さかんに行うことができるようになる。光合成を
　　さかんに行うと、より多くのデンプンなどをつく
　　ることができる。

(2) ホウセンカは被子植物であり、葉脈が網目状で
　　あることから、双子葉類に分類されることがわか
　　る。双子葉類に分類される植物の茎の維管束は、
　　輪状に並んでいる。このうち、葉でつくられた養
　　分が水にとけやすい物質に変化したものが通る
　　のは師管で、師管は茎の維管束の中で外側に位置
　　している。

**2** (1) この実験では植物の体の表面からの水の減少
　　量を調べているため、水面からの水の蒸発を防い
　　でおく必要がある。水面を油でおおうと、試験管
　　内の水の表面が空気にふれるのを防ぐことがで
　　きる。

(2) 葉の表皮には、三日月形をした細胞（孔辺細胞）
　　が多く見られる。2つの孔辺細胞の間にはすきま
　　ができており、昼間はこのすきまが開いているこ
　　とが多い。このすきまを気孔といい、呼吸や蒸散
　　における気体の出入りが行われる。

(3) ワセリンで気孔をふさいでいることから、蒸散
　　が行われている部分を○で表すと、次の表のよう
　　になる。

| | 葉の表側 | 葉の裏側 | 葉以外の部分 |
|---|:---:|:---:|:---:|
| 試験管A（$a$） | ○ | ○ | ○ |
| 試験管B（$b$） | ○ | | ○ |
| 試験管C（$c$） | | ○ | ○ |
| 試験管D（$d$） | | | ○ |

　　$d$は葉以外の部分からの蒸散量なので、$b$と$c$の
　　合計から$a$を引いた値にほぼ等しくなると考え
　　られる。

(4) $a$の値は、葉の表側と裏側、葉以外の部分から
　　の水の減少量の和となる。葉の表側からの水の減
　　少量＝$b-d=7.0g-2.0g=5.0g$、葉の裏側か
　　らの水の減少量＝$c-d=11.0g-2.0g=9.0g$
　　より、$a=5.0g+9.0g+2.0g=16.0g$となる。
　　よって、10時間で16.0gの水が減少したとき、
　　10.0gの水が減少するのにかかる時間を$x$時間と

すると、$10:16.0=x:10.0$　　$x=6.25$　よって、
6時間となる。

(5) 蒸散により体外に放出された水を補うために、
　　吸水が行われる。根から吸収された水は、道管を
　　通って体全体に運ばれる。

**3** (1) ポリエチレンの袋の中には、まわりの空気より
　　も多く二酸化炭素がふくまれている。植物に光を
　　当てると光合成をさかんに行うため、二酸化炭素
　　が吸収されて減少したと考えられる。

(2) ヨウ素溶液での反応を見やすくするために、あ
　　たためたエタノールに葉をつけることで、葉の緑
　　色を脱色する。

(3) デンプンにヨウ素溶液を加えると、青紫色に変
　　化する。

(4) 葉の緑色の部分で光合成が行われていること
　　を確かめるには、光が当たった緑色の**A**の部分の
　　結果と、調べたい事がらだけ条件が異なる実験を
　　選ぶ。よって**A**の実験と比べて、葉の色だけが異
　　なる**D**の結果と比べる。光合成を行うためには光
　　が必要であることを確かめるためには、**A**の実験
　　と比べて、光の有無だけが異なる**C**の結果と比べ
　　る。

(5) 葉緑体がない**B**と**D**の部分は、明るい部屋に置
　　いても光合成を行わないのでデンプンはつくら
　　れないが、**C**の部分は光が当たっている間に葉に
　　デンプンがつくられている。この状態で実験Ⅱ～
　　Ⅵを行っても、アルミニウムはくをかぶせたあと
　　にデンプンがすべてなくならない場合も考えら
　　れる。

**20** 動物の体のつくりとはたらき① **本冊** P.086, 087

**解答**

**1** 名称…肺胞

　　理由…（例）空気にふれる表面積が大きくなるから。

**2** (1) 消化　　(2) イ

**3** (1) ア　　(2) イ　　(3)① ウ　　② （例）脂肪
　　酸とモノグリセリドは再び脂肪となってリンパ管
　　に入る。その後、リンパ管は血管と合流し、脂肪は
　　全身の細胞に運ばれていく。

**4** (1) （例）突沸を防ぐため。　　(2) a…ア　b…カ

(3) アミラーゼ　　(4) 胃　　(5) エ

## 解説

**1**　気管支の先には、小さな肺胞が無数にある。このようなつくりになっていることで、空気にふれる表面積が大きくなり、効率よく気体の交換を行うことができる。

**2**(2)　消化酵素の種類によって、はたらく物質は決まっている。だ液にふくまれるアミラーゼは、デンプンを分解して麦芽糖（ブドウ糖が2個つながった物質）などに変える。

**3**(2)　胆汁は消化酵素をふくまないが、消化液と脂肪を混ざりやすくすることで、すい液による脂肪の分解をしやすくするはたらきをもつ。

(3)①　小腸の柔毛から吸収されたブドウ糖とアミノ酸は、毛細血管に入ったあと肝臓へ運ばれる。肝臓では、小腸から運ばれてきた養分のうち、一部を全身に送り出したあと、残りは貯蔵する。

**4**(1)　液体を加熱するとき、突然大きなあわが出て沸騰が始まることがあるので危険である。この現象を防ぐには、加熱時に液体に沸騰石を入れておけばよい。

(2)　だ液のはたらきによってデンプンがなくなったことは、ヨウ素液を用いることで調べることができるため、試験管AとBの結果を比べればよい。だ液のはたらきによって麦芽糖などが生じたことは、ベネジクト液を用いることで調べることができるため、試験管CとDの結果を比べればよい。

(3)　だ液には、デンプンを麦芽糖（ブドウ糖が2個つながった物質）や、ブドウ糖がいくつかつながった物質に変える消化酵素のアミラーゼがふくまれている。

(4)　トリプシンとペプシンはタンパク質の分解を行う消化酵素で、トリプシンはすい臓から出されるすい液に、ペプシンは胃から出される胃液にふくまれる。リパーゼは脂肪の分解を行う消化酵素で、すい臓から出されるすい液にふくまれる。だ液にふくまれる消化酵素はデンプンにはたらくアミラーゼであり、タンパク質や脂肪にはたらく消化酵素はふくまれていない。

(5)　試験管Aとデンプン溶液の体積（10cm³）とうすめただ液の体積（2cm³）の量は変えずに、温度だけを変えた実験を行う。

<br>

## 21　動物の体のつくりとはたらき② 本冊 P.090, 091

## 解答

**1**　エ

**2**(1)　c

(2) 多いところ…（例）酸素と結びつく。
少ないところ…（例）酸素をはなす。

(3)①　イ　　②　エ　　(4)　50秒

**3**(1)　0.26秒　　(2)　運動（神経）

(3)　BCACD　　(4)　反射

(5)　（例）（外界からの刺激の信号が、）脳に伝わらず、せきずいから直接筋肉に伝わるから。

(6)　ア　　(7)　イ

<br>

## 解説

**1**　心臓は、左右の心房と左右の心室が交互に収縮する。よって、左右の心房が縮むとき、左右の心室は広がっており、心房から心室へ血液が流れこんでいる。そのため、心房と心室の間にある弁は開いているが、心室と血管の間にある弁は閉じている。次に、心室が縮むと、心室内の血液は弁を通って血管内に押し出される。このとき、心房と心室の間の弁は閉じており、心房は広がっている。

**2**(1)　消化された栄養分は、小腸で吸収される。小腸の柔毛内の毛細血管に吸収されたアミノ酸やブドウ糖は、肝臓へ送られる。よって、小腸から肝臓へつながるcの血管を流れる血液に、最も栄養分の割合が高い血液が流れている。

(2)　ヘモグロビンは、酸素の多い肺などでは酸素と結びつく。全身を循環し、酸素の少ないところを通ると、結びついていた酸素をはなす。この性質を利用して、赤血球は全身に酸素を運んでいる。

(3)　細胞の呼吸によって発生するアンモニアは有害であるため、肝臓で無害な尿素につくり変えられる。その後、じん臓で血液中からこし出され、尿として体外に排出される。

(4)　1秒間に左心室から送り出される血液は、80cm³ × 75 ÷ 60 = 100cm³である。よって、5000cm³の血液を左心室から送り出すのにかかる時間は、5000cm³ ÷ 100cm³ = 50秒となる。

**3**(1)　刺激の信号は6人を伝わっているので、1人あたりにかかっている時間は、1.56s ÷ 6 = 0.26sとなる。

(2) 脳で「握る」という命令が出され、末しょう神経である運動神経から筋肉に伝わる。

(3) 感覚器官である皮膚で受けとった刺激は、信号に変えられて、せきずい→脳→せきずい→筋肉の順に伝えられる。

(6) うでを曲げるとき、ひじから先を内側に曲げるので、**ア**の筋肉を縮める。このとき、**イ**の筋肉はゆるんでいる。

(7) 反射が関わるものを選ぶ。

## 22 生物のふえ方と遺伝、進化 本冊 P.094, 095

### 解答

**1** (1) 相同器官　(2) イ

**2** (1) 胚　(2) ア、オ

**3**
X　　　　　　Y

**4** (1)① ウ　② イ

(2) (A、)B、F、D、E、C

**5** (1) 1：1　(2) 470個

(3) <u>丸粒としわ粒が1：1の割合で生じる。</u>

### 解説

**1** (1) コウモリの翼は「飛ぶ」のに適したつくりになっており、クジラのひれは「泳ぐ」のに適したつくりになっている。また、ヒトのうで（手）は「つかむ」のに適したつくりになっている。それぞれはたらきは異なっているが、基本的な骨格は似通っていることから、相同器官をもつ動物は、同じ種類の動物から進化した証拠だと考えられている。

(2) 始祖鳥の体表には羽毛が見られ、翼が確認できる。これは鳥類に見られる特徴である。一方始祖鳥には、長い尾や歯が確認されており、翼の先につめがある。これらはは虫類の特徴である。

**2** (2) AとBは生殖細胞なので、同数の染色体をもっている。Cの受精卵は、AとBが合体してできたものなので、染色体の数はAやBの2倍となっている。また、受精卵が体細胞分裂を行ってできたD～Fの細胞は、受精卵のもつ染色体数に等しい。

**3** 受精卵が体細胞分裂してできたものが、「2細胞に分裂した胚の細胞」となるので、受精卵の染色体は、「2細胞に分裂した胚の細胞」のうちの1つと同じになる。よって、受精卵は黒い染色体と白い染色体を1本ずつもつが、このうち白い染色体は雄の細胞から受け継いだものである。よって、黒い染色体を雌から受け継いでいる。したがって、受精卵のもとになった卵には、黒い染色体が1本だけ入っていたとわかる。

**4** (1)① うすい塩酸を用いると、細胞どうしを結びつけている物質をとかすことができるので、細胞をばらばらにしやすくなる。

② 酢酸オルセイン溶液を用いることで、核や染色体を赤紫色に染めることができるため、細胞の観察がしやすくなる。

(2) 細胞分裂前の細胞（A）が、染色体を複製する。→核の中に染色体が現れ始める。（B）→染色体が太く短くなり、細胞の中央に集まる。（F）→染色体が細胞の両端に向かって移動する。（D）→細胞の中央にしきりができ始める。（E）→新しい2つの細胞ができる。（C）

**5** (1) 両親はそれぞれ純系であることがわかるので、丸の親の遺伝子の組み合わせはRR、しわの親の遺伝子の組み合わせはrrと表すことができる。子は、両親から半分ずつ遺伝子を受け継ぐので、遺伝子の組み合わせはRrとなる。この遺伝子が生殖細胞にそれぞれ分かれて入るため、Rの遺伝子をもつ精細胞とrの遺伝子をもつ精細胞が、それぞれ1：1の割合でできる。

(2) Rrの遺伝子の組み合わせをもつ子の自家受粉によってできた孫は、遺伝子の組み合わせが、RR：Rr：rr＝1：2：1の割合で生じる。よって、Rrの遺伝子の組み合わせをもつ孫は、全体の約半数となることがわかる。したがって、940÷2＝470（個）となる。

(3) Rr（丸粒）とrr（しわ粒）のかけ合わせによって生じる個体がもつ遺伝子の組み合わせは、右の図のようになる。

| | | しわ粒 | |
|---|---|---|---|
| | | r | r |
| 丸粒 | R | Rr | Rr |
| | r | rr | rr |

よって、Rr：rr＝1：1となる。RrはRの遺伝子をもっているので丸粒となり、rrはRの遺伝子をもっていないのでしわ粒となる。

## 23 火山

本冊 P.098, 099

**|解答|**

**1**(1)　**斑状組織**　(2)　**エ**

**2**(1)　**斑晶**　(2)　**エ**

(3)　**(例)岩石Aは、マグマが短い時間で冷えて固まり、岩石Bは、マグマが長い時間をかけて冷え固まったから。**

**3**(1)　**火山噴出物**　(2)　**イ**　(3)　**ア**

(4)X　**ア**　Y　**エ**　Z　**オ**

(5)　**(例)火山灰Aにセキエイが、火山灰Bにカンラン石がそれぞれふくまれているため、火山灰Aのほうがもとになったマグマのねばりけが強かったと考えられるから。**

**|解説|**

**1**(2)　火山の傾斜がゆるやかになっていることから、ねばりけの弱いマグマによってつくられた火山であることがわかる。ねばりけの弱いマグマは有色鉱物を多くふくむため、溶岩などの火山噴出物の色は黒っぽく、おだやかな噴火となる。

**2**(1)　岩石Aには、粒が細かなガラス質のつくり(石基)の中に、粒が大きくなった鉱物(斑晶)が見られる。

(2)　等粒状組織であることから深成岩である。深成岩のうち、セキエイ、チョウ石が多く、少量のクロウンモが見られるのは、花こう岩である。

**3**(2)　火山灰は、同時に広い範囲に堆積するため、鍵層とされることが多い。よって、地層の広がりのようすを調べるときに役に立つ。

(3)　火山灰にどのような鉱物がふくまれているかを調べるためには、鉱物の表面のよごれを落としてから観察する必要がある。そのため、火山灰に水を加え、親指で押し洗いをし、よごれた水を捨てる。この操作を水がにごらなくなるまで何度もくり返す。

(4)　無色鉱物には、セキエイとチョウ石がある。このうち、セキエイは一部の岩石にしかふくまれないが、チョウ石はほとんどの岩石に多くふくまれている。また、有色鉱物のうち、長い柱状になっているものはカクセン石、六角形の板状になっているものはクロウンモ、丸みを帯びた粒となっているものはカンラン石である。

(5)　マグマに無色鉱物が多くふくまれているほど、ねばりけは強くなる。火山灰AとBを比べると、火山灰Aのほうが無色鉱物が多いので、火山灰Aのもとになったマグマのほうがねばりけが強いと考えられる。マグマのねばりけが強いほど、火山ガスがぬけにくくなるので爆発的な噴火となる。

## 24 地震

本冊 P.102, 103

**|解答|**

**1**(1)X　**7**　Y　**10**　(2)　**イ**

(3)　**マグニチュード**

**2**(1)　**初期微動**　(2)　**15時9分50秒**

(3)X　**32**　Y　**54**

(4)①　**ア**　②　**エ**

(5)　**エ**

**3**(1)用語　**主要動**　理由　**エ**

(2)　**15時15分34秒**　(3)　**ウ**

(4)　**(例)海洋プレートが大陸プレートの下に沈みこむ境界があるから。**

(5)　**ア**

**|解説|**

**1**(1)　震度は、0～7で表され、5と6は弱と強に分かれる。

(2)　P波とS波は震源で同時に発生するが、伝わる速さが異なる。そのため、地震が起こると、速く伝わるP波によって小さいゆれ(初期微動)が起こり、続いて速さのおそいS波による大きなゆれ(主要動)が起こることが多い。

(3)　地震の規模の大きさを表すときに用いるのがマグニチュードで、1つの地震に対して1つの値で表される。マグニチュードは、地震のエネルギーの大きさを表している。また、各地の地面のゆれの程度を表すときに用いるのが震度で、観測地点によって震度の値は異なる。

**2**(2)　観測地点Bと観測地点Cは、震源からの距離の差が、240km － 160km ＝ 80kmである。また、この2地点にS波が到達した時刻には20秒の差があることから、S波は80kmを伝わるのに20秒かかることがわかる。よって、S波の速さを求めると、80km ÷ 20s ＝ 4km/sとなる。このこ

とから、S波が震源から観測地点Bまで伝わるの
にかかる時間は、160km ÷ 4km/s = 40sより
40秒。よって、観測地点BにS波が伝わった時
刻(15時10分30秒)の40秒前に、地震が発生し
た。

(3) 観測地点Aと観測地点Bでは、S波が伝わった
時刻に32秒の差がある。S波の速さを求めると、
80km ÷ 20s = 4km/sとなることから、S波が
32秒間で伝わる距離は、4km/s × 32s = 128km
となる。よって、観測地点Aと観測地点Bにおけ
る震源からの距離には128kmの差がある。
160km − 128km = 32kmより、観測地点Aの震
源からの距離は32kmと求められる。観測地点B
と観測地点Cにおける震源からの距離の差が、
240km − 160km = 80kmであることから、P波
の速さを求めると、80km ÷ (20 − 10)s = 8km/s
となる。したがって、震源からの距離が32kmの
観測地点AにP波が伝わるのにかかる時間は、
32km ÷ 8km/s = 4sより、4秒である。よって、
観測地点AにP波が伝わったのは、地震発生時刻
(15時9分50)秒の4秒後となる。

(4) マグニチュードが大きくなるほど、地震のエネ
ルギーが大きくなるので、震源の深さが同じ場合
には、震央付近ではマグニチュードが大きくなる
ほど震度も大きくなる。マグニチュードが同じで
も、震源からの距離が地表に近くなれば、岩盤の
破壊がより地表付近で起こることから、強いゆれ
がより広い範囲に伝わりやすくなる。

**3** (2) P波の速さを求めると、(150 − 90)km ÷ (59
− 49)s = 6km/sとなる。よって、震源から
90kmの地点BにまでP波が伝わるのにかかる
時間は、90km ÷ 6km/s = 15sとなる。よって、
地震発生時刻は、15時15分49秒の15秒前の、
15時15分34秒となる。

(3) マグニチュードは、値が1大きくなると、エネ
ルギーが約32倍大きくなる。よって、マグニ
チュードが2大きくなると、地震のエネルギー
は、32 × 32 = 1024となり、約1000倍が最も適
当である。

(4) プレートの境界面付近に、震源が多く分布して
いる。

(5) 海洋プレートの沈みこみに引きずられていた
大陸プレートが反発すると、その上にあった海水

が大きく盛り上がる。これが陸地に伝わり津波と
なる。

## 25 地層と堆積岩　本冊 P.106, 107

### 解答

**1** (1) 示準化石

(2)① 堆積岩　② チャート

(3) (例)下から泥、砂、れきの順に粒が大きくなっ
ていったことから、水深がしだいに浅くなった。

(4)

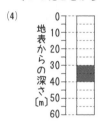

**2** エ

**3** (1) (例)角がとれて丸みを帯びている。

(2) ウ　(3)X ア　Y 示相化石

(4) エ

### 解説

**1** (1) アンモナイトのように、限られた時代に広い範
囲に生息していた生物の化石は、その地層が堆積
した年代を推測するのに役立つ。

(2) 等粒状組織や斑状組織をもつのは、火成岩であ
る。堆積岩の中でも、傷がつかないくらいかたい
岩石を、チャートといい、生物の遺骸からできた
岩石である。

(3) れき岩、砂岩、泥岩の堆積のしかたによって、
その地層が堆積したころの水深がわかる。泥岩は
河口からはなれた沖合で堆積してつくられた岩
石であり、れき岩は河口付近で堆積してつくられ
た岩石である。

(4) 凝灰岩の上面の標高を求めると、地点Aは
110m − 30m = 80m、地点Bは120m − 40m =
80m、地点Cは90m − 20m = 70mとなる。よっ
て、東西に位置している地点Aと地点Bでは凝灰
岩の上面の標高は同じ(80m)だが、地点Cは地
点A、Bよりも低くなっている。よって、この地
域は、東西方向には傾きはないことから、地点C
とDの凝灰岩の上面の標高は同じと考えられる。
よって、地点Dにおける凝灰岩の上面は、地点C

に等しく標高70mにあると考えられる。地点**D**
における標高70m（凝灰岩の上面）は、100m－
70m＝30mより、地表から30mの深さになる。

**2**　一般に、地層は下にあるものほど古い。**C**→**B**→**A**
の順に堆積しているが、**B**と**C**の層に入っている断
層は**A**に入っていないので、断層が生じたのは、**A**
が堆積する前で**B**が堆積したあとである。

**3**（1）　泥岩は泥、砂岩は砂、れき岩はれきからできて
おり、これらの多くは上流から水のはたらきで下
流に運搬される。このとき、粒どうしがぶつかり
合うなどして粒の角がとれ、丸みを帯びる。

（2）　石灰岩の主成分は炭酸カルシウムであり、塩酸
と反応して二酸化炭素を発生する。

（3）　サンゴは、あたたかく浅い海に生息している生
物である。よって、サンゴの化石が見つかった場
所は、その地層が堆積した頃、あたたかく浅い海
であったことが推測できる。

（4）　粒の大きさは、れき＞砂＞泥となっている。粒
が大きいものほど河口付近で堆積し、粒が小さい
ものほど沖の海底に堆積する。一般に、地層は下
の層ほど古い時期につくられており、**F**～**D**の層
は、しだいに粒が小さくなっていることから、こ
の地域は、じょじょに海岸から遠くはなれていっ
たことがわかる。

---

### 26　気象観測と雲のでき方　本冊 P.110, 111

**解答**

**1**（1）　**エ**　　（2）　12.3g

**2**（1）　**エ**　　（2）　**エ**

**3**（1）　**ア**　　（2）　56%

（3）　**（例）**まわりの**気圧**が低くなるため、膨張して温
度が下がり、**露点**に達すると、ふくまれていた水
蒸気の一部が水滴になる。

（4）　**ア**　　（5）　**イ**

**解説**

**1**（1）　風向は、棒がある方位（風がふいてくる方位）で
表す。

（2）　乾球温度が18℃の行と、乾球温度と湿球温度
の差が（18.0－16.0＝）2.0℃の列をたどり、交差
している欄の値が、この空気の湿度となる。よっ
て、このときの空気の湿度は**図2**から80%と読

---

みとれるので、このときの空気1m³にふくまれる
水蒸気量は、18℃の飽和水蒸気量の80%に相当
する。よって、15.4g/m³×0.8＝12.32g/m³よ
り、空気1m³に約12.3gの水蒸気がふくまれてい
る。

**2**（1）　プラスチック板からスポンジに加わる単位面
積あたりの力の大きさ（圧力）が大きくなるほど、
スポンジの変形が大きくなる。

（2）　圧力〔Pa〕＝$\dfrac{\text{力の大きさ〔N〕}}{\text{力がはたらく面積〔m}^2\text{〕}}$より

$\dfrac{3.2\text{N}}{0.0016\text{m}^2}=2000\text{Pa}$

**3**（1）　水が気体から液体に変化するものを選ぶ。**イ**は
液体から固体への変化、**ウ**と**エ**は液体から気体へ
の変化を表している。

（2）　コップの表面に水滴ができ始めたときの温度
での飽和水蒸気量が、その空気1m³にふくまれて
いる水蒸気量に等しい。湿度〔%〕＝
$\dfrac{\text{空気1m}^3\text{中にふくまれる水蒸気量〔g/m}^3\text{〕}}{\text{その温度での飽和水蒸気量〔g/m}^3\text{〕}}$
×100より、$\dfrac{13.6\text{g/m}^3}{24.4\text{g/m}^3}\times100=55.7\cdots$となり、

湿度は56%となる。

（4）　空気はあたたまると、質量は変わらないが体積
が大きくなるため、密度が小さくなる。密度が小
さくなった空気は上昇する。

（5）　この空気には、30℃の空気の飽和水蒸気量の
64%分の水蒸気がふくまれていることから、空
気1m³中に、$30.4\text{g}\times\dfrac{64}{100}=19.456$ gの水蒸気
をふくんでいる。よって、この空気は、22℃付近
になると露点に近くなるため、雲ができ始める。
30℃の空気が22℃になるためには、100m×（30
－22）℃＝800mより、約800m上昇すればよ
い。

---

### 27　天気の変化と日本の四季　本冊 P.114, 115

**解答**

**1**（1）　**くもり**　　（2）　**温帯低気圧**

（3）　**温暖前線**　　（4）　**ア**

（5）　**ウ**　　（6）　**イ**　　（7）　**エ**

**2**（1）　**ウ**　　（2）　**地点A**

（3）①　**小笠原**　　②　**西高東低**

**3**（1）①　**1012hPa**　　②　**停滞前線**　　③　**ウ**

（2）①　**（例）**あたたかく湿っている。

② （例）小笠原気団が発達しているから。（または、小笠原気団が日本列島をおおっているから。）

**1** (2) 日本が位置する中緯度帯では、前線をともなう低気圧が多く見られる。このような低気圧を温帯低気圧という。熱帯地方で生じた低気圧には、前線は見られない。

(3) 低気圧の中心から南東に向かってのびる前線は温暖前線、南西に向かってのびる前線は寒冷前線である。

(4) 暖気は、寒気と同じ質量でも体積が膨張して大きくなっているため、密度が小さくなる。よって、暖気と寒気が接すると、暖気は寒気の上方へ押しやられる。

(5) 温暖前線付近では、前線よりも西側にある暖気が、東側にある寒気のほうへ進む。このとき、寒気よりも暖気のほうが密度が小さいので、暖気は寒気の上に乗り上げるようにして進んでいく。

(6) 温暖前線が通過する前は、長い時間弱い雨が降り続けるが、温暖前線が通過するとともに雨がやみ、気温が上昇する。

(7) 高気圧の中心付近には下降気流が見られるため、地表付近では高気圧の中心から時計回りに風がふき出ている。

**2** (1) 図1は、日本付近に東西にのびる停滞前線が見られることから、梅雨のころの天気図である。図2は、等圧線が縦に密に通っており、大陸上に高気圧（シベリア高気圧）が発達しているので、冬である。図3は、日本の南の海上（太平洋上）に高気圧（太平洋高気圧）が発達しているので、夏である。

(2) 等圧線の幅がせまいほど、気圧の差が大きくなっているので、風が強い。

(3) 梅雨のころは、オホーツク海気団と小笠原気団の間にできる停滞前線（梅雨前線）が日本付近に見られる。シベリア気団が発達する冬は、大陸上に高気圧が発達し、太平洋上に低気圧が生じるため、西高東低の気圧配置となりやすい。

**3** (1)① 等圧線は、4hPaごとに引かれている。台風は低気圧なので、台風の中心からはなれるほど、気圧は高くなる。

② 停滞前線は、勢力がほぼ等しくなっている寒気をともなう高気圧と暖気をともなう高気圧

がぶつかり合うことでできる。勢力がほぼ等しいため、あまり動かない。

③ 台風は低気圧なので、その中心に向かって、周囲から反時計回りに空気がふきこんでいる。風向とは、風がふいてくる方向のことをいう。

(2)① 小笠原気団は南の海上にできる気団であるため、高温で多湿である。

② 南の海上で発生し、北や西に向かって移動していた台風は、日本付近に到達すると偏西風の影響を受けるために、東や北に進路を変える。このとき台風は、小笠原気団のへりに沿って移動する。よって、10月よりも8月のほうが小笠原気団が日本を大きくおおっていることがわかる。

---

## 28 天体の動き  本冊 P.118, 119

**1** (1) （例）フェルトペンの先の影が点Oにくるようにする。

(2) ことば　地軸（北極と南極を結ぶ線）

記号　a

(3) エ　　(4) イ

**2** ア

**3** (1)① 天球　　② エ

③ a　地軸（自転軸）　b　日周運動

(2)① ウ　　② ふたご座

**1** (2) 太陽は、天球上を1日に1周（360°）回転する日周運動を行っているので、1時間で動くおよその角度は、360° ÷ 24 = 15° となる。

(3) 日の出の時刻を求める。太陽は天球上を60分で2.5cm動いていることから、7.9cm動くのにかかる時間を$x$分とすると、2.5cm：60分 = 7.9cm：$x$分　$x = 189.6$より、およそ3時間10分。よって、午前8時の約3時間10分前の、午前4時50分ごろが日の出の時刻である。次に、日の出から南中までにかかる時間を求める。日の出から南中までの間に天球上を移動した距離は、（7.9cm + 2.5cm × 8 + 8.3cm）÷ 2 = 18.1cmなので、日の出から南中までにかかる時間$y$分を求めると、2.5cm：60分 = 18.1cm：$y$分　$y =$

434.4より、およそ7時間14分。よって、日の出の時刻午前4時50分の7時間14分後が南中時刻となり、午後0時5分が最も適している。

(4) 秋分、春分の日に赤道上で太陽を観測すると、**ウ**のように、東の地平線から垂直にのぼり、天頂を通るように動く。よって、夏至の日に太陽の動きを観察すると、日の出の位置が真東から北寄りになり、太陽の動きは春分、秋分と平行になる。

**2** 影の両端が、真東（真西）よりも南寄りになっていることから、日の出や日の入りの時刻に近いほど、太陽の位置が真東や真西よりも北側になっていたことがわかる。このような位置から太陽がのぼるのは、夏至の頃である。

**3**(1)② 真東からのぼった星は、南の空高くを通って真西に沈む。天球上の星はこの動きと平行に動くため、天頂を通る星は、真東よりも北寄りからのぼり、天頂を通り、真西よりも北寄りに沈む。

(2)① 北極側の地軸が太陽のほうに傾いている地球が夏至の頃である。地球は北極側から見て反時計回りに公転しているので、夏至の頃から約3か月たち、Aの位置にくるのは秋分の頃である。

　② この日、南中する星座は、24時がさそり座、22時がてんびん座なので、20時はおとめ座となる。同じ時刻に同じ星座を観察すると、見える位置は1か月たつごとに30°ずつ西へずれていくので、9か月後の20時は、ふたご座が南中して見える。

# 29 太陽系と宇宙
本冊 P.122, 123

## 解答

**1**(1) B　(2) ア
(3) イ　(4) エ
(5) （例）太陽、地球、月の順で、3つの天体が一直線に並んだとき。

**2** イ

**3** ウ、オ

**4**(1) ウ
(2) （例）まわりに比べて温度が低いから。

**5**(1) よいの明星　(2) ウ

(3) 変化　大きくなった。
　理由　（例）金星が地球に近づいたから。
(4) ア　(5) ア

## 解説

**1**(1) 満月のときは、月に太陽の光が当たっている部分のすべてが、地球から見える位置関係になっている。

(2) 満月は、日没のころの地球から見ると東の空の低い位置に見える。その後、月は南の空高くへのぼっていき、真夜中に南中する。

(3) 月は、およそ1週間ごとに、満月→下弦の月→新月→上弦の月→満月のように形が変化する。

(4) 上弦の月→満月→下弦の月の順に月の形が変化するとき、真夜中（同じ時刻）に見える月の位置は、西→南→東のように変化する。このことから、同じ時刻に見える月の位置は、西から東に向かって変化する。

(5) 太陽、地球、月の順で一直線上に並ぶと、地球の影に月の一部や全体が入ることがある。これを月食という。

**2** 銀河系は凸レンズのような形をしているが、この直径は約10万光年である。太陽系は、銀河系の中心から約3万光年くらいの位置にある。

**3** 地球型惑星は、水星、金星、地球、火星である。木星型惑星は、木星、土星、天王星、海王星である。

**4**(1) 数日間、太陽を観察すると、黒点が移動していることがわかる。これは、太陽の自転による変化である。一方、天体望遠鏡で観察中、太陽の位置が投影板からすぐにずれていくのは、地球の自転による現象である。

**5**(2) 太陽－金星－地球がつくる角度が90°に近づくとき、金星は半月状に見える。

(3) 金星は、地球に近い位置にあるときは大きく見えるが、遠い位置にあるときは、小さく見える。地球と金星の間の距離によって、見える大きさが大きく変化する。

(4) 1回目から2回目と同様に金星が公転したものとして考えればよい。2回目の位置からさらに公転するので、金星は、明け方にしか見ることができなくなる。

## 30 自然と人間

本冊 P.126, 127

### 解答

**1** (1) 生態系　(2) イ　(3) カエル

**2** (1) エ　(2) 食物網

**3** (1) ア、ウ、オ　(2) a、c、d、g

(3) 記号　ア

理由　(例) 草食動物の生物量は、増加した肉食動物に食べられて大きく減少し、草食動物に食べられる生産者の生物量が減るから。

**4** ウ

### 解説

**1** (2) 生産者は、ほかの生物を食べないので、生産者に向かってのびる矢印はない。よって、生産者はAとなる。また、分解者は、生産者や消費者の遺骸や排出物を分解するため、ほかの生物すべてから分解者に向かって矢印がのびている。よって、分解者はDとなる。

(3) 最初にバッタのみが増加したのは、バッタを食べるカエルの数が減少したからと考えられる。よって、外来種によって食べられたのは、カエルである。

**2** (1) 草食動物の数量が減少すると、草食動物を食べる肉食動物の食べ物がなくなるため、肉食動物も減少する。一方で、草食動物の食べ物の植物は、草食動物から食べられにくくなるため、数量が増加する。肉食動物が減少すると、草食動物は食べられる数量が減少するため、少しずつ増加を始める。草食動物が増加すると、食べられる植物がふえるため、植物の数量は減少する。また、草食動物を食べる肉食動物は増加する。このようにして、生物の数量のつり合いは、やがてもとにもどる。

(2) 食物連鎖は1本の鎖のような関係を表しているが、生態系全体では、何種類もの鎖が複雑にからみ合って、網の目のようになっている。

**3** (1) シイタケは、ほかの生物の遺骸などを無機物に分解するはたらきに関わっているので、分解者である。モグラはほかの生物を食べるので、消費者である。

(2) 呼吸では、酸素を吸収し、二酸化炭素を排出する。すべての生物は、呼吸により二酸化炭素を排出している。

**4** 風力発電や太陽光発電は、発電量が天候に左右されるため、安定的な電力の供給が難しい。バイオマス発電は、生物資源をもとにした燃料を燃やすため二酸化炭素が発生するが、この二酸化炭素のもとをたどると、植物が光合成によって吸収した二酸化炭素であると考えることができる。よって、バイオマス発電によって生じる二酸化炭素は、もともと空気中にあったものと考えることができるので、空気中の二酸化炭素を減少させることはできないが、長期的に見て、増加させることもないと考えられる。この考え方を、カーボンニュートラルという。

Memo

Memo

Memo

Memo

Memo